Johanna von Grumbkow
Sacha Yacu – Schlaflos im Dschungel

Johanna von Grumbkow

# Sacha Yacu –
# Schlaflos im Dschungel

Rediroma-Verlag

Bibliografische Information der Deutschen Nationalbibliothek:
Die Deutsche Nationalbibliothek verzeichnet diese Publikation in der Deutschen Nationalbibliografie; detaillierte bibliografische Daten sind im Internet über http://dnb.ddb.de abrufbar.

ISBN 978-3-96103-387-4



www.rediroma-verlag.de
14,95 Euro (D)

# Inhalt

Für meinen Vater,
vielen Dank für alles, alter Knabe.
Ohne dich wäre ich nicht die, die ich heute bin!

Für meine Mutter,
die mich erträgt, auch wenn ich unerträglich bin
(und das kommt häufig vor).

## Vorwort:

Hallo, liebe Dschungelfreunde und die, die es mal werden wollen.

In den folgenden Zeilen möchte ich euch auf meine kleine Reise in den ecuadorianischen Regenwald entführen. Ich bin kein Biologe, kein Forscher und kein Abenteurer. Ich bin einfach nur ein sehr reiselustiger Mensch. Was mich vielleicht von anderen Leuten mit der gleichen Leidenschaft unterscheidet, ist wahrscheinlich in erster Linie, dass ich bei der Buchung der Reisen nicht nachdenke. Ich setze mir etwas in den Kopf, und dann setze ich es durch, ohne nach rechts und links zu sehen. Das kann zu tollen Erfahrungen führen, aber eben auch zu weniger angenehmen und dafür aber lehrreichen Lektionen. Dieses Mal hatte ich den Vogel allerdings abgeschossen.

Ich wusste nur, dass ich volunteeren, also Freiwilligenarbeit leisten wollte, und das für drei Monate. Ich dachte auch an Südamerika, und es sollte mit Tieren und nicht mit Menschen zu tun haben. (Ich arbeite als Erzieherin in einem Kindergarten und wollte eine Auszeit von meinem Job und der Verantwortung beim Umgang mit Menschen). Ihr seht also schon, dass dies kein wissenschaftlicher Bericht wird, in dem ihr mit Fachwissen und Fremdwörtern über die fremdländische Fauna und Flora überrumpelt werdet - ganz im Gegenteil.

Ich begab mich also in die Untiefen des Internets und nutzte eine Organisation dafür, mir zutreffende Angebote aufzulisten. Im Nachhinein eine sehr dumme Entscheidung, das komplette Vierteljahr über diese Organisation zu buchen, die nichts weiter tat, als mir die Kontaktdaten der Stellen zur Verfügung zu stellen und für jede gebuchte Woche eine geballte Summe von meinem Konto abzuziehen. Als Tipp für alle, die ähnliches vorhaben: Wenn ihr nicht schon auf Seiten wie Facebook o.ä. auf passende Projekte trefft, bezahlt die Organisation für eine Woche, baut Kontakt zu der Stelle auf und bucht alles weitere über sie. So geht ihr sicher, euer Geld kommt nur zu den Leuten, die ihr ohnehin unterstützen wollt.

Warum Leute Geld bezahlen, um arbeiten zu dürfen? Gute Frage, aber anders ist es anscheinend nicht möglich. Viele von den Stellen, die Volunteers suchen, finanzieren sich ausschließlich über diese, da sie staatlich keine oder nur wenige finanzielle Förderungen erhalten.

Wie dem auch sei, ich fand einen Ort, an dem man, laut der Beschreibung, kein Spanisch brauchte. Das war existentiell wichtig, denn ich spreche kein Spanisch und hatte keine Ambitionen es zu lernen. Hier seht ihr vielleicht schon die Ausmaße meiner Blauäugigkeit, und der ein oder andere wird sich sicher mental mit der flachen Hand vor das Gesicht hauen und „Idiot“ denken…. Zu Recht!

Der Ort heißt „Sacha Yacu“. Eine Station mitten im Dschungel Ecuadors. Eine halbe Stunde Laufweg von der nächsten Straße und eine weitere Stunde mit dem Bus, bis man in die nächste Kleinstadt kommt.

Geleitet wird sie von einer Familie, die sich zur Aufgabe gemacht hat, kranke oder verletzte Tiere aufzunehmen, sie gesund zu pflegen und im Idealfall wieder auszusetzen. Klingt doch erst einmal super, dachte ich. Ein bisschen Papierkram und ein paar Tage Wartezeit später war alles geritzt. Ich buchte meine Flüge und freute mich von nun an auf ein neues Abenteuer.

Natürlich habe ich auch hier nicht erwartet, dass ich - als Dauersingle - natürlich genau in dem Zeitraum zwischen der

Buchung und dem Abflug in eine Beziehung schlittern würde. Und das auch noch über eines dieser Datingportale! (Ich weiß, diese Information könnte ich mir sparen. Doch wer sich durch das komplette Buch kämpft, wird am Ende ohnehin mehr von mir wissen, als ihm oder ihr lieb ist.)

Hätte ich es auch gemacht, wenn ich von vornherein in einer Beziehung gewesen wäre? Auch wenn ich gerne behaupten würde: „Ja!“, glaube ich im Nachhinein nicht mehr daran. An alle Singles unter euch also: „Wer weiß, wofür es gut ist! Nicht leiden! Genießen!“

Im Voraus ist noch sehr wichtig zu erwähnen:

Die folgenden Zeilen waren nie dazu gedacht, als Buch in den Regalen der Buchhandlungen zu landen, geschweige denn in den Händen von Menschen über meinen Freundeskreis hinaus. Es sind lediglich E-Mails, die ich an meine Freunde und Verwandte in Deutschland schrieb, um sie über meine aktuelle Lage auf dem Laufenden zu halten. Der Verständlichkeit halber muss ich natürlich Rechtschreibung und Grammatik überarbeiten und Begrifflichkeiten erklären, die ich für Leute verwendete, von denen ich ausgehen konnte, sie wissen, was ich meine, oder haben die Möglichkeit mich zeitnah zu fragen. Ich möchte jedoch an meinem eigentlichen Stil so wenig wie möglich ändern. Das fällt mir nicht besonders leicht, denn ich verfolge keinen konstanten Schreibstil und verstehe einige meiner Emotionen natürlich heute nicht mehr so, wie in dem Moment, als ich sie in meinen Laptop hämmerte. Doch mein Vater, dessen Idee es auch war, diese Emails an einen Verlag zu senden, riet mir davon ab.

Ich nehme euch also nun mit auf eine Reise, die genauso, wie sie dasteht, wirklich passiert ist. Keine Zeile ist zum Entertainment der Leser entstanden.

# Kapitel 1: Angekommen

Ich lasse jetzt einfach den Tag meiner Abreise weg und beginne mit meinem Gang durch die „Airport-Security“. Wider Erwarten ist der Herr an der Gepäckkontrolle faszinierend freundlich. Es geht ganz zügig, und so sitze ich noch geraume Zeit am Gate und habe Zeit, über mein Leben nachzudenken. Meine Augen fühlen sich an, als hätte ich Ober- und Unterlid mit einem Staubsauger auf voller Stärke fünf Minuten lang bearbeitet, und in etwa so sehe ich auch aus. Meine Augenringe haben bereits ungeahnte Tiefen angenommen. Ich bin einfach erschöpft.

Im Flieger sitze ich neben einem älteren Pärchen. Das Aufblasen meiner Nackenrolle ist dann auch schon fast die letzte Amtshandlung auf diesem Flug. Ich bekomme nicht einmal mit, wie der Flieger startet. Irgendwann drückt mir eine gespielt freundliche Stewardess eine winzige, warme Laugenstange in die Hand, die ich genüsslich in den Mund schiebe, um wenige Minuten später wieder in Morpheus Armen zu schlummern. Wenn ich ab und zu aus meinem traumlosen Koma erwache, sehe ich im Augenwinkel den kritisch-erschrockenen Blick der alten Dame, die wohl krampfhaft überlegt, ob sie bei meinem hin- und her schaukelnden Kopf und offenen Mund eher einen Priester oder einen Sanitäter holen soll.

Der erste Flug ist im Fluge vergangen (ich bin doch ein kleiner Wortkünstler!) Dafür ist der Aufenthalt in Palma quälend lang. Um mich herum Familien und grölende Möchtegernparty-Freunde. Wobei mir die Männer mit ihrem sinnlosen Geprotze lieber sind als die gestriegelten Damen der Schöpfung, die ihre gebleichten Haare und aufgeklebten Fingernägel vergleichen und sich faszinierend laut über ihre ach so amüsanten Trinkgeschichten austauschen. Irgendwann, nachdem ich meine Frustrationstoleranz bis aufs Äußerste strapaziert habe, darf ich dann auch den Flug nach Madrid antreten. Dieser ist schon ereignisreicher, denn ich träume von einem riesengroßen Kitkat-Monster. Das findet es lustig, meine Reiseersparnisse über eine Wiese zu verteilen, um dann mit seinen kleinen schokoladigen Beinen unnatürlich schnell vor mir davonzurennen. Der Traum endet mit den Worten: „Kitkat, auch wenn wir lange befreundet waren, - wenn du nicht aufhörst, esse ich dich auf!"

Plottwist! Ich mag Kitkat nicht mal besonders gerne und kann mich auch nicht daran erinnern, wann ich das letzte Mal eines gegessen habe. Trotzdem hätte ich das Ende des Traumes gerne noch mitbekommen, denn die Träume, in denen man etwas isst, sind die besten. Man ist befriedigt und hat keine Kalorien zu sich genommen.

Wie dem auch sei, mein Plan ist es, in Madrid gemütlich etwas zu essen, die Toilette zu besuchen und einen Kaffee zu trinken. Natürlich weiß ich zu diesem Zeitpunkt nicht: Ich habe genau 25 Minuten Weg zum nächsten Gate und soll 15 Minuten an der Toilette anstehen. Also beschränke ich mich auf die Toilette und eile zum Gate. Wo ich dann, oh Wunder, eine Stunde warten muss, bis ich boarden darf. Ich stehe zunächst in der Schlange für Menschen mit Kindern oder mit Behinderung an, was mir merkwürdigerweise gar nicht auffällt. Bei der Ticketkontrolle muss ich jedoch wieder in die für mich vorgesehene Schlange wechseln, ... natürlich ganz hinten.

Eines darf ich erwähnen: Der Flug mit der südamerikanischen Airline ist schlichtweg scheiße. Mein Tisch kaputt, was Essen und Trinken stets zu strategisch durchdachten Aktionen werden lässt. Überall um mich herum schreiende

Babys, deren Eltern es wohl nicht für nötig halten, etwas dagegen zu unternehmen. Der Komfort mangelhaft und das Essen völlig durchgekocht. Ein Stück Styropor hat wahrscheinlich mehr Nährstoffe. Mein Schlafkontingent ist aufgebraucht, und ich habe 10,5 Stunden Flug vor mir. Zum Glück ist meine Sitznachbarin in etwa so gesprächig wie ich: „Könntest du aufstehen, das ist mein Platz neben dir?“ - „Ja.“ - „Kaugummi?“ - „Ja.“ - „Stift?“ - „Ja.“ Unser Dialog während des ganzen Fluges. Reicht mir! So muss eben das Unterhaltungsprogramm der Airline herhalten. Den Film „Moneymaker“ kann ich empfehlen, den Rest? – Naja … Gegen Ende des Flugs offenbart sich für mich noch die tiefgründige Bedeutung des `Kitkat-Mann-Traumes´: Ich sehe im Augenwinkel, wie meine Nachbarin in ein ungebrochenes Kitkat hineinbeißt. - Wer tut denn so etwas? Niemand! Es liegt in der Natur der Sache, das Kitkat vorher in der Mitte durchzubrechen.

Auch diesmal landet der Flieger sicher, und es geschieht etwas, was ich schon ausgestorben glaubte: Applaus! Sofort stellen sich meine Nackenhaare zu Berge und ich rolle hörbar die Augen, was auch meine freudig klatschende Nachbarin mitbekommt. Wer applaudiert denn mir, wenn ich um 17 Uhr den Kindergarten verlasse und kein Kind in die Luft geflogen ist oder verstümmelt wurde? - Niemand? - Richtig! Nach einer gelungenen OP applaudiert ja auch niemand, aber der Pilot bekommt Applaus! Da hätte ich wohl eher der Mutter neben mir applaudiert, wenn sie es mal fünf Minuten geschafft hätte, ihr Kind auf den Arm zu nehmen und zu beruhigen.

Da bin ich also! Quito, eine Stadt, von deren Existenz ich vor einem Jahr nicht mal wusste. Meine Geografie-Kenntnisse untertreffen noch meinen Orientierungssinn.

Schon nach der Passkontrolle stellt sich heraus, dass meine Null-Bock-Einstellung zu den spanischen Sprachkenntnissen wohl falscher nicht hätte sein können. Niemand, - und ich meine NIEMAND, - kann auch nur ein Wort Englisch. Also plappere ich den Mann am Busschalter fröhlich in Englisch an. Er antwortet ähnlich fröhlich auf Spanisch. Wir kommen trotzdem irgendwie zu einer Übereinkunft. Zumindest habe ich ein Ticket und er 6,50 Dollar. Ich erwähne nur nebenbei, wie bescheuert ich aussehe mit meinen Gepäckstücken: Ein gigantischer Rucksack von fast 16 kg auf der einen Schulter, ein zweiter Rucksack vor den Bauch geschnallt, meine Handtasche auf der anderen Schulter, und dann noch eine Bauchtasche. Ja, ich verstehe es eben, platzsparend zu reisen.

Rucksack eins und zwei werden freundlich im Gepäckraum verstaut. Ich nutze die Wartezeit im Bus, um den Zurückgebliebenen in Deutschland über Whatsapp und das freie WLAN im Flughafen mein Überleben mitzuteilen. Der Weg vom Flughafen nach Quito ist vor allem geprägt von Armut und Leben am Existenzminimum. Halb zerfallene Häuser, vor denen Kinder spielen, wo man seine Wäsche wäscht und Hunde herumstreunen. Dazu der Müll. Alles, alles so was von dreckig und verkommen. Je mehr man jedoch in die Stadt hineinkommt, umso mehr verändert sich das Bild. Noch immer ist die Lebensweise mit der europäischen kaum vergleichbar, doch die eng aneinandergereihten Häuser haben zumindest vier Wände. Menschen grillen auf dem Bürgersteig, und jeder Dritte hat sein Erdgeschoss zu einem kleinen Laden umgebaut. Es ist nicht so grün, wie ich erwartet habe, doch man merkt schon deutlich, wie sich die Fauna von der unseren unterscheidet.

Es wird dunkel. Die Warnungen aus Büchern und Broschüren, man solle als Frau nicht bei Nacht allein unterwegs sein, kommen langsam wieder ins Bewusstsein. So nenne ich den ziemlich erstbesten Taxifahrer am Busterminal mein Eigen und folge ihm brav zum Taxi. „Sie wissen wirklich, wo das ist?", frage ich zum zweiten Male, nachdem ich ihm die Adresse von meinem „Couch-Surfing-Host" gezeigt habe. „Si, Si!", wiederholt er … und weiß natürlich nicht, wohin. Er steuert den Ort an, an dem er mein Ziel vermutet, und fragt dort jeden zweiten nach dem Weg. Fährt bestimmt elfmal dieselbe Route und steigt zwischendurch aus, um die Blocks zu Fuß zu begutachten. Ich bin froh, weil ich mit ihm im Vorfeld zehn Dollar ausgemacht habe, sonst wäre ich bestimmt verzweifelt. Nachdem wir also eine geschlagene Stunde herumgeirrt sind, werden wir endlich fündig, - es ist 20 Uhr, meine Landung geschlagene vier Stunden her! Roberto, - der Name meines Gastgebers, - wohnt in einem Wohnblock in der Nähe von Quitos Partymeile. Die Häuser hier sind nicht vergleichbar mit denen, die sich am Stadtrand befinden. Es sind gut gesicherte Hochhäuser, wie man sie so auch in einer deutschen Stadt finden kann. Vor dem Eingang ein abgesicherter Bereich, in dem ein Security-Guard wacht und jeden Besucher und Bewohner auf seine Zugehörigkeit kontrolliert.

Ich torkele mit meinem Gepäck die Treppe hoch und rede nervös auf den Security-Guard ein, schmeiße meinen Reisepass durch sein Fenster (Roberto hat gemeint, man brauche den.) und versuche, ihm klarzumachen, was ich will. Dieser ist sichtlich verwirrt, schaut hilfesuchend in seinem Zimmerchen umher und hofft wohl darauf, ich werde ein Opfer spontaner Selbstentzündung. Glücklicherweise hat Roberto, wie ich später erfahre, zum richtigen Zeitpunkt den verwirrten Taxifahrer auf der Straße erspäht, der irritiert zu seiner Eingangstür schaute, und die Zeichen richtig gedeutet. Er kommt sofort herunter und klärte das Miss-, bzw. Nichtverständnis auf. Ich folge ihm in seine Wohnung, in der sein Freund an einem Laptop arbeitet. Ich stelle mich auf Englisch vor mit den Worten: „Hi, ich bin Hanna. Tut mir leid, wenn ich stinke. Ich sehe auch nicht immer so scheiße aus, aber heute ist das der Fall.“

„Freut mich! Adrian!“, antwortet sein Kumpel, - auf Englisch! Englisch!!! Bin ich so froh! Gleich zwei Menschen in einem Raum, die Englisch sprechen. Ich schmeiße meine Sachen in mein Zimmer. Roberto bietet mir an, mit ihm eine SIM-Karte für mein Handy zu besorgen und anschließend eine Kleinigkeit zu essen. Ich willige ein und mache mich, stinkend wie ich bin, mit ihnen auf den Weg. Die Jungen fragen in bestimmt zehn Lädchen nach, bis wir fündig werden und ich endlich eine ecuadorianische SIM-Karte mein Eigen nennen darf. Roberto wohnt, wie bereits erwähnt, nur fünf Minuten von Quitos Bar- und Discoviertel entfernt, und ich bereue sofort, dass ich nur eine Nacht in dieser wundervollen Stadt habe, wo Salsa-Bands auf der Straße spielen, sich eine Bar an die andere reiht und selbst ich in meinem gammeligen Reiseoutfit und Shorts in Discos gelockt werde. Wir laufen ein wenig durch das Getümmel und essen in einem kleinen Lädchen. Natürlich will ich etwas Neues probieren und bekomme gepanschte grüne Banane mit Hähnchenfleisch und Spiegelei. Ich ahne Grausiges und werde überrascht: Es ist sogar recht lecker und nicht süß, so wie ich es erwartet habe. - Definitiv wiederholungsbedürftig.

Wieder zu Hause versucht Roberto erfolglos, die SIM-Karte zu installieren. Ich habe mich also zu früh gefreut. Trotzdem bin ich sehr dankbar, weil er sich dieses Problems annimmt, da selbst die elektronische Lady am andern Ende der Leitung nichts von Englisch hält.

Ich gönne mir erst einmal eine wohlverdiente Dusche und kläre alles andere ganz seriös im Einhorn-Schlafanzug. Roberto organisiert mir noch ein „shared Taxi“ für die ersten drei Stunden Richtung Puyo, - Abfahrt 5.30 Uhr morgens!, - und meldet die SIM-Karte über seinen Personalausweis an. Erfolglos. Mit ein wenig Ungewissheit, aber einer gehörigen Portion Müdigkeit, beende ich also meinen ersten Tag.

Um 4 Uhr ist die Nacht für mich beendet. Ich packe meine Siebensachen und genieße den Luxus von Wifi, um mich in der Welt des Internets zu verlieren und nicht an die Probleme der baldigen Weiterfahrt zu denken. Eine Stunde, die ich damit verbringe, mir lustige Bilder im Internet anzuschauen. Später steht Roberto im Schlafanzug vor meiner Tür: „Das Taxi ist da!“ Ich bedanke mich gefühlte Hundertmal und verschwinde im Fahrstuhl. Unten zerstöre ich erst einmal fast die Eingangstür, weil ich sie etwas zu energisch bearbeite, ohne darauf zu achten, dass der Guard den Knopf zum Öffnen bedienen muss. Nachdem das passiert ist, gebe ich der Tür den Rest, als ich versuche, mich mit meinen überpackten Rucksäcken hindurch zu quetschen. Ich sehe dann noch, wie der Security Guard an der Tür hantiert, als längst das Gepäck verstaut ist und ich im Taxi sitze.
Der Taxifahrer und die beiden Mitfahrerinnen sind sehr gesprächig: „Buenos dias!“ Ende.

Auf dem Weg durch Quito bietet sich mir ein überwältigendes Bild. Vom Berg aus offenbart sich die ganze Schönheit der Stadt. Ein Lichtermeer, das sich wie Lava vor den vulkanartigen Bergen ausbreitet und dessen Licht langsam von der aufgehenden Sonne abgelöst wird. Armut und Reichtum liegen hier manchmal nur eine Straßenseite voneinander entfernt. Und trotzdem, in der Nacht sieht alles aus wie eine große friedliche Einheit.

Trotz dieser Eindrücke bin ich immer noch ein müdes, müdes Mädchen. Ich tröste mich mit dem Gedanken, ich habe noch drei Monate, die Eindrücke zu sammeln, als mir die Augen zufallen. Wieder einmal werde ich von meinem eignen Schnarchen geweckt. (Das passiert mir tatsächlich recht häufig, besonders, wenn ich im Sitzen oder in unbequemen Positionen einschlafe. Wie man sich vorstellen kann, bin ich ein sehr beliebter Beifahrer.) Ich versuche, dies mit dezentem Husten zu übertönen. Der Anblick, der sich mir jetzt bietet, unterscheidet sich gänzlich von dem, den ich zurückgelassen habe. Plötzlich bohren sich direkt neben der Straße Wasserfälle durch pflanzenüberzogene Berghänge. Tiefe Schluchten, breite Flüsse, kleine einsame Häuser, Menschen, die mit riesigen Rucksäcken und Tüten herumlaufen. Frauen mit Kopftuch, die auf der Weide die Kühe melken ... Eine komplett andere Welt, und die Straßen, die durch diese Welt gehen, würde man bei uns höchstens Feldwege nennen. Fleißig wechselt der Taxifahrer die Straßenseiten, um Schlaglöchern auszuweichen, die uns bei 60 km/h in einem „Fast and the Furious Moment“ den Abhang hinunterstürzen würden. Irgendwann bricht er sein Schweigen. Ich vermute, er möchte wissen, wo wir hinwollen. „A Bus Terminal“, antworte ich und mache mit meinen Händen ein Lenkrad. Ich sehe im Rückspiegel seine Ratlosigkeit und ergänze: „Brumm-Brumm. Big Brumm-Brumm!“ - Immer noch nichts. Anscheinend erbarmt sich eine meiner Mitfahrerinnen und erklärt etwas auf Spanisch. Mit Erfolg. Am Zielort warten Busse. Er knöpft mir 20 Dollar ab und überlässt mich meinem Schicksal. „Quito, Quito!“, schreit mich jemand an und nimmt mir fast den Rucksack aus der Hand. „No Quito, por favor!“, schreie ich zurück und habe keine Ahnung, inwieweit das zusammenpasst. „Puyo!“ - „Ahh, Puyo! Vamos! Vamos!“ So treibt er mich jemand anderem in die Arme. Ich fühle mich wie eine jener Trickfilm-Figuren, die in Rekordzeit von A nach B geschubst werden, ohne zu wissen, was passiert, und plötzlich mit einem völlig neuen, pompösen Ballkleid vor einem Schloss stehen.

Ganz so märchenhaft ist es bei mir jedoch nicht, denn Sekunden später habe ich weder Rucksack Nr. 1 noch Nr. 2 und finde mich einer viel zu viel geschminkten Frau gegenüber, die mir Zahlen in Spanisch zubrüllt. Ich werfe ihr vier Dollar hin und hoffe, sie schreit mich nicht wieder an. Sie gibt mir 50 Cent zurück und ein Ticket. Schon packt mich der nächste, und ich sitze in einem Bus. Ich hoffe inständig, auch meine Rucksäcke wären in diesem Bus. Sofort belege ich die erste Bank, und es dauert nicht lange, da fährt der Bus los. Scheppernd und langsam quält er sich durch die engen Straßen und hält gefühlt alle zwei Meter an, um Leute einzusammeln. Einer von ihnen versucht, irgendwie Medikamente an den Mann zu bringen, und wirbt dafür wie auf einer Kaffeefahrt mit toller Wirkung. (Zumindest vermute ich das. Er könnte auch über Startschwierigkeiten einer Mondrakete oder die Vorteile von Eigenurintherapie reden, - ich verstehe sowieso kein Wort!)

Später springen noch zwei Jungen auf, die aussehen, als wären sie zwölf Jahre alt, und deren Arme bis zum Schulterblatt mit billigen Tattoos übersäht sind. Sie rappen uns zehn Minuten was vor. Es ist immer noch besser als Nicki Minaj. Also gebe ich ihnen großzügig einen Dollar, – Karma und so. Vielleicht werden sie ja in zehn Jahren berühmt sein und sagen, sie wären nie so weit gekommen ohne diesen Dollar von der grimmig dreinschauenden Lady auf dem Weg nach Puyo. Vielleicht kaufen sie sich aber auch Koks. Wie dem auch sei, meine Unterstützung haben sie.

„Puyo!", brüllt der Fahrer. Ich reihe mich gutgläubig zum Aussteigen ein. Nett!

In der Mitte vom Nirgendwo! Hier ist nichts! Ich erwarte wenigstens Taxis, andere Busse, vielleicht ein Geschäft, ... aber hier ist einfach nichts! Verkommene Wohnhäuser, eine Straße, ja - aber nichts, an dem ich mich orientieren könnte. Kein Polizist, den ich fragen könnte.

Auf der anderen Straßenseite grillt jemand im Eingang seines Hauses, und da ich immer noch kein funktionierendes Telefon besitze, ergreife ich meine Chance. Es bedarf einiger Überredungskünste, bis mir der Herr sein Telefon zur Verfügung stellt. (Man stelle sich bitte vor, man grille etwas zum Essen auf seinem Hof, und plötzlich steigt eine verwirrte Frau aus einem Bus aus, redet in einer fremden Sprache, von der man kein Wort versteht, dummes Zeug. Ich weiß nicht, ob ich bereit gewesen wäre, dieser Person mein teuer verdientes Handy zur Verfügung zu stellen?)

Misstrauisch beobachtet er, wie ich nach und nach die Kontaktnummern eingebe, die mir die Organisation im Vorfeld zukommen lassen hat, - und keine davon beantwortet wird. Ganz toll!!! Hungrig und frustriert, - und vielleicht auch ein wenig verzweifelt, - torkele ich mit meinem Gepäck die Straße entlang. Ein Taxifahrer hält an, und ich versuche, es ihm klar zu machen: Ich muss zuerst telefonieren, bevor ich eine Adresse angeben kann. Auch seine Versuche, die Nummern zu erreichen, sind erfolglos. Taxifahrer Nr. 2 bringt dann mehr Engagement auf. (Vielleicht sehe ich inzwischen wirklich mitleiderregend aus: Verschwitzt. Einsam. Schwer bepackt und offensichtlich komplett fehl am Platz.) Er hat Erfolg! Irgendwie bekommt er jemanden an die Strippe und erklärt mir, ich solle am Busbahnhof warten. (Busbahnhof?? Busbahnhof??? Warum - zur Hölle - hat mich der Busfahrer irgendwo in Puyo herausgelassen, ja, mich sogar darauf hingewiesen, in Puyo zu sein, wenn es einen verfluchten Busbahnhof gibt???)

Für 3 Dollar bringt er mich dort hin und macht mir noch einmal deutlich, ich müsse genau hier warten. Brav tue ich, wie mir geheißen.

Irgendwann kommt eine verdächtig weiße Dame in dunkler Begleitung auf mich zu. „Bist du Hanna?“, fragt sie. Mir fällt ein Stein vom Herzen. „Jaaa!“ Lange Rede, kurzer Sinn: Irgendwie gehört sie zu der Familie, die das Sanctuary leitet, oder ist mit einem von ihnen zusammen. Ich glaube, mit ihrer Begleitung, die ich auf etwa 16 schätze. Sie kommt aus der Schweiz. Am Wochenende ist keiner in der Station. Ganz toll! Da hätte ich ja noch einen Tag in Quito bleiben können. Wohlgemerkt hat mich auch darüber im Vorfeld niemand informiert. Wir fahren mit dem Taxi zu ihrem Haus am Rand von Puyo. Sie hat ein Wohnzimmer, ein Zimmer mit Küche und drei Schlafzimmerchen, mit Vorhängen getrennt. Der Putz bröckelt von den Wänden. Nicht mit unseren Standards vergleichbar. Die Toilette auf dem Hof. Ich stelle meine Taschen ab, und Julia, die junge Schweizerin, erklärt mir, bald würde jemand kommen, der mir sagt, wie es weitergeht. Sie und ihre Begleitung Julio (der, wie ich später erfahre, bereits 19 ist, Julia 21) lassen mich allein zurück. Einigermaßen ratlos stehe ich im Raum herum.

Irgendwann kommt Andrea, eine von Julios Schwestern und die momentane Leiterin des Sanctuarys. Sie erklärt mir in gebrochenem Englisch, niemand sei am Wochenende im Sanctuary. Ich könne mir gerne ein Hotel nehmen. Ich ziehe wieder alle meine Rucksäcke auf und suche mir ein Hotel, ein kurzes Stück die Straße hinunter. Andrea sagte zwar, 15 Dollar pro Nacht wären zu teuer und sie kenne ein schönes Hotel in der Stadt. Aber, ganz ehrlich: Ich bin froh, die Rucksäcke loszuwerden und zu wissen, wo ich am nächsten Tag hin muss. Mit meinem Orientierungssinn finde ich andernfalls niemals zurück.

Ich beschließe irgendwann, etwas zu suchen, wo man essen kann, und gehe ein Stück Richtung Innenstadt. Ich kaufe mir zunächst viel zu teures Wasser, Klopapier (anscheinend nicht Teil des Hotelservice!) und irgendetwas Essbares für die Nerven, was sich dann als vollkommener Fehlkauf erweist. Fühle ich mich wie auf einem anderen Planeten? Ein Stand nach dem anderen, die Obst, Eis oder Sonstiges feilbieten, - trotzdem finde ich für mich nichts Essbares.

Schön und gut, ich beschließe, einfach ins kalte Wasser zu springen. Wenn da „Restaurancia“ auf einem Plakat vor drei schäbigen Tischen steht, dann wird es sich wohl um ein Restaurant handeln. „La card?“, frage ich und hoffe, das wird Sinn machen. Die Bedienung schüttelt den Kopf, lotst mich durch eine Tür in die Küche und öffnet drei Töpfe, in denen

Undefinierbares schwimmt. Die Küche, eng und klein, erinnert an die hygienischen Verhältnisse einer Dönerbude auf der Reeperbahn, - nur schlimmer! Was es auch immer sei, ich willige ein und zeige auf eine Suppe ... Die schmeckt, was soll ich sagen, - okay!

Ich habe Hunger. Deswegen ist es vollkommen in Ordnung und die Portion groß genug, um mich satt zu machen. Was ich nicht weiß: Ich habe zwar nur auf die Suppe gedeutet, aber anscheinend wird stets das ganze Menü geliefert. So türmt sich bald ein Riesenteller voller Reis, Fleisch und Salat. Auch gut! Ich quäle mir auch Fleisch und Salat rein, bezahle der Dame 7,50 Dollar und `rolle´ mich zurück zum Hotel. Den Rest des Tages verbringe ich bei Whatsapp und amüsanten Internetseiten und liege um halb acht komatös im Bett.

Früh um 8 Uhr erwache ich ausgeschlafen, gönne mir eine Dusche und einen Spaziergang durch die Stadt, dazu Cracker und zwei Äpfel. Zurück im Hotel frühstücke ich gemütlich, packe alles zusammen, bevor ich um 12 Uhr auschecke und mich auf den Weg zur Familie mache.

Dieses Mal ist mehr Leben im Haus. Sofort springen zwei Jungs (ca. 6 und 12) auf mich zu, labern mich auf Spanisch voll, kaspern rum und versuchen sich auf Englisch. Ich werde von einer Dame begrüßt. jedoch anschließend kaum weiter beachtet. Es könnte auch Andrea sein, - irgendwie sieht für mich in diesem Land noch jeder gleich aus. Aber diese spricht kein Englisch. Ich schließe daraus, sie kann es nicht sein. Höflich frage ich auf Englisch, ob Andrea da sei, und sie begibt sich auf die Suche. In der Zwischenzeit führe ich noch höchst geistreiche Gespräche mit den Jungs. Ein Mann kommt um die Ecke, stellt sich als Raul vor, einer der Verantwortlichen für die Station. Er erklärt mir einiges und führt mich an einen netten Platz, um Kaffee zu trinken. Er scheint sehr nett, auch wenn ich nur die Hälfte von seinem Englisch verstehe. Dann holen wir mein Gepäck und treffen auf einen jungen Mann, der das nächste halbe Jahr im Sanctury arbeiten wird. Ich vermute, der sei ein anderer Volunteer, doch wie sich herausstellt, ist er ein Coordinator. Ich bin zur Zeit der einzige Volunteer.

Jorno, - so stellt er sich vor, - ist wohl schon vor einigen Jahren mal als Volunteer in Sacha Yacu gewesen. Nach seinem Studium, das selbstverständlich mit Biologie zu tun hatte, entschloss er sich, aus den Niederlanden zurück in den Dschungel zu gehen. Dort wurde er mit offenen Armen empfangen, da Andrea`s älterer Bruder, der zuvor das Sanctuary leitete, mit seiner Freundin ins europäische Ausland gegangen ist und männliche Unterstützung gebraucht wird. Als Coordinator übernimmt Jorno nun also die Aufgaben, die Andrea eigentlich tun soll. Die Versorgung der Tiere, das Anleiten der Volunteers und alles, was sonst so anfällt: das Reparieren der Gehege, die Instandhaltung der Wege und Zäune, das Sauberhalten der Anlage ... Er hat quasi die Verantwortung über den Laden, da Andrea es vorzieht, mit ihrem Freund und ihrem Sohn in Puyo zu sein, statt sich um das Center zu kümmern.

Gemeinsam mit Raul und Jorno suchen wir einen Ort für Wifi. Und nun sitz ich hier und beende mein doch recht langes Kapitel. Ankommen ist eben schwer. Bitte verzeiht mir die Rechtschreibfehler und  fehlenden Bilder! Ich bin ein wenig unter Zeitdruck, denn in einer halben Stunde geht unser Bus zum nächsten Abenteuer.

***Die Straßen Puyos***

***Ausblick aus einem Hotelzimmer in Puya***

## Kapitel 2: Sacha Yacu

Es ist dunkel. Stockdunkel! Selbst der Busfahrer hat ein ungutes Gefühl, Jorno und mich in der Mitte vom Nirgendwo mit zwei riesigen Rucksäcken an einer Kreuzung rauszulassen. Doch hier stehen wir. Es dauert eine Weile, bis ich meine Taschenlampe herauskrame. Selbstverständlich musste ich meinen Rucksack erst einmal in ein Wasserrinnsal stellen. Ich überlasse Jorno meine große Taschenlampe, und er ist so höflich, mir den großen Rucksack abzunehmen. Ich selbst bewaffne mich mit dem kleineren Rucksack, einer Stirnlampe und einer kleineren Taschenlampe.

Der Weg, den wir durch den Urwald entlanglaufen, wäre bei uns auf keiner Karte verzeichnet. An manchen Stellen geht es steil bergab, und wenn man vom Weg abrutscht, kann man den Schlangen „Hallo!" sagen oder eine ganze Weile zum Abschied winken, bis man irgendwo unten in einem Gestrüpp ankommt. Ab und an müssen wir über ein paar Bachläufe klettern. Ständig fliegen handtellergroße Motten vor uns her. Das alles mit dem Gepäck und bei Nacht. Jorno tänzelt vor mir her, als gäbe es nichts Normaleres auf der Welt, und hält immer wieder nach Schlangen Ausschau. Nach einer halben Stunde haben wir das Gröbste hinter uns gebracht. Während meine Begleitung mir auf Englisch etwas über Schlangen erzählt und ständig den Wegrand absucht, sehe ich, wie er genau auf eine etwa 40 cm lange rote Schlange tritt. Er scheint das gar nicht zu bemerken und führt seinen Monolog weiter, bis ich ihn unterbreche: „You just stepped on one!" Schneller als ich schauen kann, fliegt mein großer Rucksack von seinen Schultern auf die Erde, und er versucht, das verwirrte Tier aufzuhalten. Er bemüht sich vergeblich, die Schlange mit Stöcken auf den

Weg zu treiben, doch es misslingt, als sie letztendlich im Unterholz verschwindet. „War sie – äh, giftig?“, frage ich. „Weiß nicht. Es gibt zwei Arten, die sich ähneln. Die eine ist giftig, die andere nicht.“ - „Und was wäre, wenn dich die giftige gebissen hätte?“ - „Dann wäre ich jetzt tot!“

Eine schöne Vorstellung: Mitten im Regenwald, stockdunkel, mein einziger Begleiter tot, weil er mit einer Schlange spielen musste. - Vielversprechend!

Aber wir überleben ja beide und kommen heil in der Station an.

Jorno verkündet mir, es sei Schwachsinn, jetzt noch den Generator anzuwerfen. Wir setzen uns bei Kerzenlicht in die Küche, kochen Tee in einer zerbeulten Kanne auf dem Gasherd. Er zeigt mir auf seinem I-Pad schon mal ein paar Bilder der Tiere und weckt damit meine Neugier auf den nächsten Tag.

Jorno zeigt mir mein Zimmer in einem separaten Volunteer-Haus, welches aus drei Räumen besteht. Ich bin allein in einem Vierbettzimmer. Alle Räume im Haus sind aber nur durch eine Bretterwand bis zur Dachschräge getrennt. Was bedeutet, es wird geräuschmäßig keine Privatsphäre geben.

Ich tue, was ich kann, um erst einmal meine Sachen zu sortieren. Selbstverständlich gibt es keinen Schrank oder etwas Ähnliches. Lediglich ein selbstgezimmertes Regal mit vier Böden ermöglicht mir die Aufbewahrung meines `Hab und Guts´ außerhalb des Rucksacks.

Ich beschränke mich auf zwei Regalbretter, um nicht zu viel umräumen zu müssen, falls ein weiterer Volunteer käme. Sicherheitshalber hänge ich den Rucksack an der

Wand auf. Die Geschichte, Taranteln könnten sich zwischen den Klamotten verkriechen, zeigt bereits ihre Wirkung.

Hygiene und Komfort werden hier nicht sonderlich großgeschrieben, und so muss ich mich schon mal an eine kalte Dusche gewöhnen. Die ersten fünf Minuten erinnern mich quälend an die `Ice-Bucket-Challenge´, doch irgendwie gewöhnt sich mein gänsehautüberzogener Körper an die ungewohnt Erfrischung.

Alles hier ist von der Familie selbst gebaut: die Häuser, die sanitären Anlagen, die Betten, die Regale, … alles. Nach der Dusche falle ich also in mein selbstgezimmertes Hochbett und träume irgendetwas, an das ich mich am nächsten Tag nicht mehr erinnere.

***Pause vor der Küche der Centers***

## Kapitel 3: Der beißt nicht!

Ich bin schon um halb sechs wach und lümmle mich noch eine Weile im Bett herum, bis ich in die Küche gehe. Kurze Zeit später erscheint Jorno und bietet an, Omelette zu machen. Ich willige ein, obwohl mir ein Käsebrot mit Tomaten lieber wäre. Dummerweise gibt es natürlich auch keinen Kühlschrank und demzufolge auch weder Käse noch Wurst, Fleisch oder andere Sachen, für deren Aufbewahrung man Temperaturen unter 30 Grad benötigt.

Um etwa 8 Uhr beginnt unser Arbeitstag. Zunächst wird dafür gesorgt, dass die Anlage in Ordnung ist. Und das besagt: Die Papageienscheiße (Entschuldigung!) von den Dielen zu entfernen, die Küche sauber zu halten und einen Blick in die sanitären Anlagen zu werfen und diese gegebenenfalls zu reinigen. Wobei meine Ansicht von `sauber´ sich doch sehr von der hiesigen unterscheidet, sowie alles, was einem rund ums Haus so in den Sinn kommt. Da sich der Durchgangsverkehr auf Jorno und mich beschränkt, nimmt dieser Teil der Arbeit nicht sonderlich viel Zeit in Anspruch. Danach heißt es, Futter vorbereiten. Für diese Arbeit gibt es einen speziellen Raum, den `Feed Shed´, in dem das Futter gelagert und geschnitten wird. Den Gehegen werden Eimer zugewiesen und je nach Bedarf der Tiere das Futter zubereitet und verteilt. Das ist am ersten Tag für mich ziemlich unübersichtlich, aber ich tue, was ich kann.

*Hier folgt nun ein, dem Verständnis halber, komplett überarbeiteter Teil der Beschreibung der Anlage, damit ein wenig klar wird, von wem ich spreche und was gerade vor sich geht.*

Das Sanctuary, - von uns nur `Center´ genannt, - wurde vor einigen Jahren von Marcia und Almando A. gegründet. Sie wollten sowohl den heimischen Tieren helfen, als auch ihren Kindern ein Leben ermöglichen so nah wie möglich an der Natur. Die eigentliche Anlage besteht aus drei Häusern:
Ein Volunteerhaus für Gruppen mit etwa zwanzig Schlafmöglichkeiten, (auch hier selbstgebaute Hochbetten), ein Volunteerhaus mit unterteilten Räumen, in dem jeweils zwei Hochbetten stehen, und ein Haupthaus, in dem im oberen Bereich die Mitarbeiter schlafen. (Diese Mitarbeiter beschränken sich zur Zeit meines Daseins anscheinend auf Jorno und Andrea.) Eine Ebene versetzt befindet sich eine große Gemeinschaftsküche. Darunter - im Erdgeschoss – sind die sanitären Anlagen (jeweils zwei Duschen und zwei Toiletten) und ein rundum offener Aufenthaltsbereich mit Hängematten und selbstgebauten Tischen. Alle Häuser stehen auf Balken. Zum einen, um sich den Prozess der Begradigung des Untergrundes zu sparen, und zum anderen wäre es ohne gescheites Fundament wohl ohnehin nicht möglich, die Holzböden vor der Feuchtigkeit des Regenwaldbodens zu schützen. Außerdem gibt es noch einen Werkzeugschuppen und einen `Feed Shed´, in dem das Fressen für die Tiere vorbereitet wird.

Tagsüber gibt es hier keinen Strom, demzufolge auch kein heißes Wasser oder anderen Luxus. Nach Sonnenuntergang wird bei Bedarf für maximal drei Stunden ein Generator angeschmissen, der die Anlage mit Licht versorgt und uns ermöglicht, unsere technischen Geräte zu laden.

Um die Anlage herum leben 21 wildlebende Papageien. Für diese wurden rund um die Anlage Konstruktionen aus Holzbalken, die als Brücken dienen, mit Seilen und Ästen befestigt, damit auch jene unter ihnen, die schlecht oder gar nicht fliegen können, Sicherheit in den Bäumen finden. In diesem Gestell, welches sich über bestimmt 100qm streckt, befinden sich Holzplattformen, auf denen die Vögel gefüttert werden. Einige dieser Papageien sind wildlebende Tiere, die das zusätzliche Nahrungsangebot gelockt hat. Andere stammen vom Schwarzmarkt und sind schon vollkommen an Menschen gewöhnt. In freier Wildbahn würden sie es nicht schaffen, ihre Nahrung selbst zu suchen.

Weiterhin leben hier eine Katze, *Gandalf*, und mehrere Hunde, die sich, je nachdem, bei Marcia oder im Center aufhalten. Cookie, die Mutter von *Luna* und Tin-Tin (zwei kleine Welpen), wohnt im Center mit uns, während *Dalton*, ein kranker Labrador, *Bianca*, ein Pittbull-Mischling, und *Princessa*, ein hässliches `Irgendwas´, meistens unten sind.

Dazu kommt ein zahmer Tukan namens *Zazoo*, der separat gefüttert wird. Ihm wurde der Schwanz abgeschnitten, er kann deshalb nicht fliegen.

Die Käfige, die sich oberhalb der Station befinden, beherbergen zum Großteil Vögel. Weitere Papageien und Vögel verteilen sich auf vier Käfige, wobei mir nicht bei allen klar ist, weswegen die einen frei herumfliegen, die anderen aber in Käfigen gefüttert werden müssen.

Die Käfige bestehen aus Drahtzaun, der um Bäume oder auf provisorisch aufgebaute Holzbalken spannt, mit einfachem Draht in sich und an die Bäume verwoben. Drinnen hat man wieder allerhand fantasievolle Kletter- und Landemöglichkeiten mit Ästen geschaffen.

Es gibt eine Futterplattform und eine Plastikschüssel mit Wasser.

Die nicht-ornithologischen Gesellen oberhalb der Station sind die Coatis, die Nasenbären. Eines meiner absoluten Lieblinge, sehr freundlich und verspielt. Man kann ihnen in den meisten Fällen ohne Bedenken begegnen. Dies liegt vielleicht daran, dass sie vermutlich vor ihrem Leben in Sacha Yacu bereits als Haustiere gehalten wurden.

Außerdem ein Käfig mit zwei Totenkopfäffchen und zwei Titi Affen (die wir komischerweise Zungo Zungos nennen), ein Käfig mit einem männlichen Ozelot, sowie ein Käfig mit einem Margay. Beide Tiere sind Einzelgänger. Der Margay ist ein wenig kleiner als der Ozelot und lebt vorzugsweise auf Bäumen. Unser Exemplar ist noch recht jung und neu in der Station und wohl deswegen zunächst noch sehr scheu.

Äußerlich sind sich beide Raubkatzen sehr ähnlich. Sie waren aufgrund ihres schönen Fells auf dem Schwarzmarkt. Auch wenn beide ihrer wilden Natur noch sehr nahe sind, darf man sie nicht einfach in die Wildnis entlassen. Sie würden auf ihrer Reviersuche früher oder später den Menschen kreuzen und sich ihm nähern, da sie den Menschen bereits als Futterspender und nicht als Gefahr kennengelernt haben. So wie man es mir erklärt, wartet man darauf, das Militär möge diese Wildkatzen auf einem ihrer Übungseinsätze mitten in den Dschungel und fernab jeglicher Zivilisation mitnehmen und beide dort aussetzen.

Unterhalb der Station trennen die Käfige noch deutlich mehr und beschwerlichere Trampelpfade voneinander, die teilweise durch Flüsse und Bäche, an Wasserfällen und steilen Hängen entlangführen. Es existiert eine lange Schotterstraße vom Center hinunter zum Haus von Almando und Marcia. Dieses habe ich bereits am ersten Tag den `Nightmare-Hill´ getauft. Allein vom Center zum Haus sind es sicher zwei

Kilometer. Der Schotter besteht aus ungleichmäßig großen Steinen. Es geht so steil bergab (und im anderen Fall bergauf!!), dass hier nur Geländetaxis eine Chance haben. Nirgendwo Schatten. Und die Sonne strahlt unermüdlich, von ihrem Aufgang bis zum Untergang, auf diesen einen Weg! Entlang dieses Weges kreuzen die verschieden Trampelpfade zu den anderen Tieren. Am nächsten ist *Guanganita*, das Weißkragen Pekari. Eine Art Wildschwein, nur eben etwas anders. Dieses Exemplar ist ein ganz besonders liebenswertes Geschöpf, welches sich liebend gerne über seine Borsten streicheln lässt und jede Nähe genießt. Was vielleicht daran liegt, dass es einmal als Haustier gehalten wurde und nun das Dasein allein in seinem Käfig verbringen muss. Obwohl jeder weiß: Schweine sind Herdentiere!

Weiter unten führt eine Abzweigung zu einem Käfig mit zwei männlichen Kapuzineraffen. Einer davon wird liebevoll *`Little-Fucker´* genannt. Wir zwei werden gute Freunde. Etwas entfernt befindet sich der Käfig mit drei Weibchen. Das Alfa-Weibchen heißt *Emma.* Auch die Kinkajous (die Wickelbären) haben hier ihr Gehege. Von hier aus muss man einen etwa zwanzigminütigen Weg zum Ozelot Nummer zwei bestehen, der wirklich ganz abgelegen im Dschungel wohnt. Es dauert bestimmt noch einmal zehn Minuten länger, um den beschwerlichen Pfad - durch einen Fluss und steile Hänge hinauf - zurück zur Affenroute zu kommen.

Hinter dem Haus von Almando erreicht man durch eine Felsspalte das Gehege zweier Weißlippen-Pekaris. *Guanganitas* größeren Verwandten. Diese Gesellen sind jedoch nicht so liebreizend. Die Felsspalte endet abrupt und gibt den Blick frei auf ein mehr oder minder natürlich entstandenes Gehege in einer Absenkung ungefähr zwei Meter unter uns im glatten Fels. Meiner Meinung nach das schönste Gehege mit einem natürlichen Bachlauf und schön viel Platz.

Das Futter wird lediglich zu den Tieren hinuntergeworfen. Ganz gleich, was wir ihnen geben, am nächsten Tag ist es ohnehin vertilgt.

Ein Stück weiter von Marcia und Almandos Haus, einen kleinen Berg hinauf, ist die Familie gerade dabei, ein neues Center zu errichten, da das alte wohl etwas in die Jahre gekommen sei. Das Haupthaus steht bereits, doch die Fertigstellung liegt wohl noch sehr weit entfernt.

Etwa auf gleicher Höhe, nur auf der anderen Seite von \`Nightmare-Hill´, sind die Fischteiche, in denen wir Futter für die Ozelots und den Margay angeln. Außerdem ein Schildkröten-Gehege und das Gehege von Chunky, dem einsamen Wollaffen.

Soviel zu den Gehegen. Folgt man \`Nightmare-Hill´ weitere Kilometer, so gelangt man zur Anbaufläche von Papayas, Bananen und Zuckerrohr. Dazu später mehr.

(*Von hier aus zurück zur E-Mail*)

Almando nimmt uns den unteren Teil ab, da wir sonst den ganzen Tag nur mit dem Säubern der Gehege und Füttern der Tiere beschäftigt wären.

Mein erstes Gehege nach dem Füttern der wilden Papageien und Säubern der Plattformen sind die Coatis, die mich gleich freundlich schnuppernd begrüßen und mir auf der Schulter herumturnen, während ich die Reste ihres Essens und ihre Exkremente aufhebe (dafür benutze ich eine grobe

Bürste und eine Schippe). Als der Käfig sauber ist, verteile ich das frische Futter im Gehege und schaue ihnen ein wenig bei der Futtersuche zu. Jorno erklärt mir viel über die Lebensweise der Tiere und gibt ein paar Tipps zum Umgang mit ihnen. Das nächste Gehege ist das der Totenkopfäffchen und Zungo Zungos.

Zunächst ist dieser Käfig das, was ich mir von dieser Erfahrung erhofft habe. Jorno und ich sind gemeinsam im Käfig, und die Äffchen springen vergnügt auf unseren Schultern umher, beobachten uns mit ihren niedlichen Knopfaugen und geben vergnügte Laute von sich. Eines der beiden Totenkopfäffchen durchzaust gerade meine Haare, als seine Stimmung umschlägt. Es beginnt zu kreischen, zieht fester und beißt mir plötzlich ins Kinn! Verstört und erschrocken versuche ich, das aggressiv gewordene Tier zu entfernen. Als ich es zu packen bekomme, werfe ich es reflexartig hinunter. Anstatt sich dieses jedoch eine Lehre sein zu lassen, stürzen sich plötzlich beide Totenkopfäffchen auf mich.

Ich sehe keinen anderen Ausweg als die Flucht. Irgendwie gelingt es Jorno, die Tiere von mir fernzuhalten, während ich versuche, von innen die Käfigtür zu öffnen und ins Freie zu gelangen. Geschafft! Jorno  schafft es einen Augenblick später, mit wesentlich mehr Gelassenheit, den nötigen Abstand zu gewinnen und den Käfig der aufgewühlten Bande zu verlassen. Er sucht die Schuld zuerst einmal bei mir. Ich versichere ihm einige Male, ich habe weder zurückgezuckt, noch nach einem Äffchen gegriffen, bevor es mich gebissen hat. Aber sinnlos. Für ihn bin ich selber schuld.

Dann gibt es nur noch drei Vogelkäfige zu bearbeiten.

Ich will mich nicht in lange Erzählungen verstricken, bevor es jedoch 12 Uhr ist, haben mich noch fünf Vögel gebissen, die angeblich völlig harmlos sind. Abgesehen von

*Pascal*, dessen aggressive Haltung bereits Legende ist. In die Schulter, den Oberarm, die Hand und beide Unterarme. Ich habe erst einmal `die Schnauze´ voll! Zwischendurch ist aber die Arbeit okay. Für jemanden allerdings, der - was Tiere angeht - in einer heilen `Disney-Welt´ lebt, in welcher jedes Tier in einen `verliebt´ ist, sind diese kleinen Attacken etwas zu viel. Ich stapfe also einigermaßen frustriert gegen 12 zurück in die Station und beschäftige mich dort lieber mit einem der Hunde und *Gandalf*, der Katze. Die mögen mich wenigstens.

Nach dem Lunch, der aus Toast und Gemüse besteht, lässt die nächste, mir völlig unbekannte Aufgabe nicht lang auf sich warten. Montags, mittwochs und freitags werden die Ozelots und der Margay gefüttert. Sie sind nachtaktiv, daher findet die Fütterung erst nach 5 Uhr statt. Da die Raubkatzen mit frischen Früchten nur wenig anfangen können und wir kein Fleisch in der Station lagern, steht Angeln auf dem Plan. In brütender Hitze gehen wir einen steinigen Weg bergab zum Haus von Almando, wo wir Angeln und Hundefutter als Köder besorgen. Vor dem Haus tollen die zwei Welpen umher. Bei ihnen *Dalton*, der ungesund abgemagert vor sich hin trottet und dem in regelmäßigen Abständen Blut aus dem Penis tropft. So sehr sich auch die Familie um Wildtiere sorgt, ihre Haustiere scheinen ihnen ziemlich egal zu sein.

Die Angel besteht aus einem Bambusstock, einer Schnur und einem Haken. Etwas weiter die Straße hinauf liegen die fünf selbst angelegten Fischteiche der Familie, von denen einer auch als Gehege für Wasserschildkröten dient.

Beim Fischen leisten uns die Hunde Gesellschaft, sehr zu Jornos Leidwesen, der die umhertollenden Welpen stets vom Köder fernhalten muss. Ich aber genieße die Anwesenheit der zahmen Tiere, auf deren Loyalität und Freundlichkeit Verlass ist. Irgendwie gelingt es mir auch, einige Fische zu fangen und sogar den Haken aus den Mündern zu lösen (Ich, die kleine Survival-Künstlerin - ich!!). Als wir etwa 40 Fische gefangen haben, teilen wir sie in drei Eimer auf und machen uns auf den Rückweg. Wie schon erwähnt, sind die Wege zwischen allen Gehegen und Stationen nicht gerade Katzensprünge, und ich stummelbeiniger Sportmuffel versuche krampfhaft, mit einem geübten Naturburschen mitzuhalten. Schweigend stolpere ich hinter ihm her, hoffend, meine Beine werden das durchhalten.

Wieder an der Station angekommen, bereiten wir das Futter für die Kinkajous vor, - ebenfalls nachtaktive Tiere, - und gehen dann zum Gehege des Margays und des Ozelots im oberen Teil. Jorno kippt die Fische in die Wasserschale des Margay, der schüchtern zwischen den Blättern hindurch auf uns herabstarrt. Trotzdem warnt mich Jorno, niemals allein das Gehege zu betreten. Als ob ich, bereits von Papageien gebissen, freiwillig einen Spaziergang durch ein Raubtiergehege machen würde. Der Ozelot ist ein anderes Kaliber. Fauchend und knurrend folgt er uns am Rand seines Geheges zu dem kleinen Extraabteil, namens `Trapcage´, in das Jorno ihn dann einsperrt. Während er das Raubtier in Schach hält, kippe ich den Wassereimer mit den Fischen in einen kleinen Tümpel und verlasse das Gehege auf schnellstem Wege. Jorno lässt das Tier frei, und sofort stürzt es sich gierig auf seine Beute. Die armen kleinen Fische dachten sicher, geangelt zu werden, sei das Schlimmste, was ihnen heute hätte passieren können.

Es beginnt bereits zu regnen, als wir uns auf den Weg zu Ozelot zwei machen. Dessen Gehege befindet sich noch mal locker eine halbe Stunde Fußmarsch vom Center entfernt, bergab, mitten im Dschungel - mit allem Drum und Dran: Wir müssen kleine Flüsse überqueren, Steilhänge hinaufklettern und wieder runter. Das volle Urwaldprogramm! Das wäre ja nicht so wild, wenn ich nicht wüsste, ich muss auch wieder zurück. Bergauf! Es dauert keine zehn Minuten, da bin ich völlig durchnässt. Die Regenjacke hält zwar den Regen ab, aber schweißtreibend ist der Marsch allemal. Wir füttern zuerst die Kinkajous auf dem Weg zum Ozelot, und irgendwann erreichen wir die aggressive und hungrige Raubkatze. Auch diese hält der Biologe in Schach, während ich die Fische in den Wassernapf kippe. Der Rückweg ist anstrengend, nass und ..., - mehr sag ich nicht.

Zurück in der Station muss ich mich zuerst einmal zehn Minuten vor mein Zimmer setzen, um wieder Luft zu bekommen. Feierabend!

Es ist ein gutes Gefühl, so viel körperliche Arbeit verrichtet zu haben. Und doch stellen sich mir, dem Arbeitsmuffel, bei der Aussicht auf 89 weitere Tage wie diesem ein wenig die Nackenhaare auf. Es gibt kein Fitnessstudio, das dich auf so etwas vorbereiten kann. Nach der kalten Dusche kochen wir Abendessen, und um 9 Uhr bin ich völlig kaputt und falle wieder mal ins Bett.

Die Tage ähneln sich mehr oder weniger, nur die Bisse werden geringer. Der Totenkopfaffe attackiert mich zwar auch am Dienstag noch mal ins Unterteil meines Kiefers, er beweist Jorno damit jedoch nur: Ich habe keine Schuld! Wahrscheinlich handelt es sich da um eine persönliche Abneigung des Affen gegenüber meiner Wenigkeit. Dieses Mal schmeiße ich ihn aber nicht durch die Gegend.

Statt Angeln steht dienstags `Grashüpfer fangen´ auf dem Programm, - für einige andere Tiere eine Delikatesse.

Hierbei erweise ich mich allerdings als weniger nützlich und kann nach zwei Stunden lediglich fünf Insekten vorweisen. Hier möchte ich erwähnen, gefangen habe ich einige mehr, die Biester aber können anscheinend gut auf eines ihrer Hinterbeine verzichten. Denn bei dem Versuch, sie ins Glas zu stopfen, halte ich oft nur noch ein Hinterbeinchen in der Hand.

***Verzweiflung am Nightmarehill***

## Kapitel 4: Jungle Walk extreme

Mittwochabend erscheinen Andrea, Julia und ihr Freund Julio im Center, die uns am nächsten Tag bei der Arbeit unterstützen. Jorno schlägt vor, anstelle der üblichen Grashüpferjagd eine `kleine´ Dschungelwanderung von vier Stunden zu unternehmen. Warum auch nicht?

Wir machen uns also gegen 13 Uhr auf den Weg bergauf bis zum Grashüpferhügel, Andrea und Julio mit einer Machete bewaffnet. Ich rüste mich mit Rucksack, Erste-Hilfe-Set, Trinkflasche, Go-Pro und Kamera aus. Erst ernte ich für meine Rucksackidee seltsame Blicke, doch kaum sind wir zehn Minuten gelaufen, da habe ich Jornos Jacke und Kamera plus Angelequipment auf meinem Rücken.

Als wir etwa zwanzig Minuten auf einem steinigen Weg bergauf gegangen sind, biegen wir nach rechts auf eine der Wiesen ab, auf denen wir sonst donnerstags und dienstags nach der Fütterung Grashüpfer fangen. Statt uns aber nach den kleinen Insekten umzusehen, folgen wir der Schneise aus hohem Gras zwischen den Dschungelbäumen hindurch bergab. Irgendwann ragen von unter der Erde zwei parallellaufende Rohre erst schräg nach oben, dann in einer Höhe von mal mehr, mal weniger als zwei Metern parallel zum Boden. `Oil-pipes´ wird mir erklärt, und ich hinterfrage es nicht weiter. Natürlich halten es unsere drei Survival-Künstler Jorno, Andrca und Julio für eine ausgezeichnete Idee, auf diesen dreißig Zentimeter breiten Rohren zu balancieren, anstatt wie normal Sterbliche neben ihnen herzulaufen. Treu-doof und nicht besonders vorausschauend folgen Julia und ich ihnen. Nach einigen Metern Balanceakt erweist sich das aus meiner Sicht als nicht besonders kluge Entscheidung, denn das Rohr erhebt sich nicht nur teilweise bis zu drei Meter über den Boden. Nein, es gibt auch keine Möglichkeit, sich zwischendurch mal festzuhalten oder sich bei Hereinbrechen von Höhenangst mal hinzusetzen. Das Metall ist nämlich zu allem Überfluss auch noch sehr heiß. Also zählt nur eins: weiterlaufen! Tapsend und stets darauf bedacht, nur nicht daran zu denken, was ich hier gerade mache, balanciere ich hinter Julia her. Die stellt zum Glück keine Bemühungen an, sich dem Tempo der anderen anzupassen. Nach einer Weile springen wir dann zur Seite auf einen Vorsprung, der uns in den Dschungel führt. Die erste Zeit finde ich den Weg angenehm. Es ist schattig und geht bergab, und auch wenn man stets konzentriert darauf achten muss, wo man hintritt, ist das mit keinen großen Mühen verbunden. Zwischendurch hacken unsere ecuadorianischen Freunde mit ihren Macheten den Weg frei und versorgen uns mit exotischen Dschungelfrüchten, die man vielleicht nicht als lecker, aber doch als interessant bezeichnen kann. Ich gebe mich damit zufrieden, das Schlusslicht zu sein. Nicht etwa, weil ich nicht mithalten kann, sondern weil ich es als `Kameramann´ für das Beste halte, alles im Auge zu behalten. Ergänzend kommt hinzu, dass ich es im Entenmarsch nicht leiden kann, jemanden im Rücken zu haben. Außerdem sehe ich es für sehr vorteilhaft an, aus den Ausrutschern und Fehltritten der anderen zu lernen.

So ist es letztendlich auch, als wir aus dem Dschungel heraus auf eine recht freie Lichtung treten. Beim Sprung von einem umgefallenen Baumstamm über ein Schlammloch verschätzt sich Julia um einige Zentimeter und versinkt schienbeintief im Schlamm. Bei dem Versuch, ihr Bein zu befreien, bleibt ihr Schuh im Schlamm zurück. Es kostet einige Mühen, ihn dort wieder herauszubekommen. Als sie sich danach erhebt, stellt sie schreiend fest, sie hat die ganze

Zeit auf einer Tarantel gesessen. Es ist wahrscheinlich nicht notwendig zu erwähnen, wie ich meinen Sprung etwas bedachter plane. Andrea und Julio zeigen uns, wie man mit einfachen Hilfsmitteln, nämlich einer Machete und einem bestimmten Baum, zu Trinkwasser kommt. Wir nehmen uns viel Zeit, die hiesige Fauna und Flora genau zu betrachten. Zitronen sehen hier aus wie Mandarinen, und die ecuadorianische Art der Rindvieh- und Pferdehaltung beschränkt sich auf eine Eisenkette und einen stabilen Baum.

Irgendwann erreichen wir einen steinigen Weg, dem wir eine Weile folgen, bis Julio über eine Absperrung steigt, um an einer Felswand entlang zu klettern. Selbstverständlich folgen wir ihm und erreichen einen kleinen Wasserfall, der aus einer Höhle plätschert und sich in einem Becken sammelt. Keine zwei Minuten später sitzen die Jungen in der Höhle, während Julia und ich kaum Halt auf dem nassen Gestein finden. Großzügig überlasse ich Julia den Vortritt, die einen Wimpernschlag später eine Rutschpartie ins Wasserbecken macht. Wieder ein Fehler, den ich nicht begehen muss. Ich ziehe meine Schuhe aus und ergreife die Hilfe unserer männlichen Begleiter, um mein Ziel zu erreichen und nicht vollkommen nass zu werden. In der Höhle plätschert ein Wasserstrahl durch das Gestein. Ein nettes Rückzugsörtchen und durchaus diese Mühe wert war. Gesehen - abgehakt - weiter!

Wir erreichen also endlich das Flussbett, und ich denke, damit wären wir am Ziel unserer kleinen Mission. Was ich bisher nicht wusste: Das hier ist nicht der Fluss, wo sich das Angeln lohnte. Um zum Rio Grande zu kommen, der anscheinend unser Ziel ist, müssen wir erst einmal das komplette Flussbett durchqueren. Mit Julias und meinem Tempo eine zweistündige Aktion, die rutschige Felsen, Klippen, hüfthohes Wasser, umgestürzte Bäume, scharfe Kanten und nerv tötende Insekten beinhaltet. Bereits nach einer halben Stunde vergeht mir völlig die Lust an diesem Gewaltmarsch, während unsere naturverbundenen Akrobaten längst außer Sichtweite sind. Es beginnt bereits zu dämmern, als wir, vollkommen fix und fertig, am Ziel ankommen, fest entschlossen prompt umzukehren und den drei anderen ihren Spaß am Angeln zu lassen. Es wird ohnehin längst dunkel sein, bevor wir ins Center zurückkommen.

Inzwischen hat Jorno meinen Rucksack an sich genommen, da er berechtigte Angst um seine nicht wasserdichte Kamera hat. Julio folgt uns kurze Zeit später. Ich lasse das Paar hinter mir zurück und bahne mir - mit meinem mir eigenen Tempo - meinen Weg wieder durchs Flussbett. Das tue ich etwa so lange, bis ich von einer Familie Wiesel-artiger Geschöpfe, die nicht allzu weit von mir herumtollen und dann im Dschungel verschwinden, deutlich daran erinnert werde: Außer uns gibt es vielleicht noch mehr andere Lebewesen, die sich über eine fleischhaltige Mahlzeit freuen, - und ich habe keinerlei Waffen dabei!

Den Rest des Weges halte ich dann nur noch so viel Abstand, dass ich die andern bei einem Blick über die Schulter noch sehe. Wir erreichen die Straße bei fast vollkommener Dunkelheit und warten am Straßenrand auf die Zurückgebliebenen. Etwa eine halbe Stunde später kommen dann Jorno und Andrea bei uns an. Um eine Machete und meine Trinkflasche ärmer, (Die haben sie irgendwo auf dem Weg in der Dunkelheit verloren!) - aber wenigstens auch etwas außer Puste. Natürlich haben sie keinen Fisch geangelt. Erst nach einer - in meinen Augen viel zu langen - Pause machen wir uns auf den Heimweg. Zum Glück wird Jornos Vorschlag, einen kürzeren Weg durch den Dschungel zu gehen, einstimmig abgelehnt. Wir laufen noch einmal ungefähr eineinhalb Stunden bergan auf einem Weg zurück zum Center. Es ist bereits 20 Uhr, bis wir endlich da sind.

Die Wanderung an sich ist im Nachhinein eines der coolsten Dinge, die ich je auf eigne Faust, also ohne jede professionelle Führung, mitmachte. Dennoch habe ich zwischendurch ein gewisses Aggressions-, bzw. Frustrationspotential, welches es mir teilweise schwermacht, die Schönheit der Umgebung in vollen Zügen wahrzunehmen. Vielleicht ... aber nur vielleicht, wiederhole ich das irgendwann in den drei Monaten, die vor mir liegen. Aber nur vielleicht?

Hier noch einmal für alle, die Probleme mit Mathematik haben: Von 13 bis 20 Uhr, das sind genau vier Stunden, - ich bin froh, weil ich das jetzt weiß!

Am Samstag bin ich mit Jorno für einige Stunden in Puyo, um es allen daheim zu versichern: `Ich lebe noch! Und es geht mir gut!!´ Dennoch muss ich hier erwähnen: Die Umstellung doch nicht so einfach ist, wie sie sich womöglich anhört. Es ist mächtig einsam und ruhig hier, und man hat viel Zeit, um nachzudenken und Dinge und Menschen zu vermissen. Wo man sich anderswo mit Fernsehen, Internet oder bei Freunden ablenken kann, bleibt einem hier nur die Flucht in ein Buch oder die eigenen Gedanken. Vielleicht wäre es etwas anderes, wenn noch mehrere Volunteers da wären. Nach einer Woche kann ich jedoch schon sagen, wie ich einerseits das Leben hier zwar genieße und das Abenteuer annehme, es mir andererseits aber keineswegs so einfach fällt, auf die Möglichkeiten zu verzichten, Freundschaften zu schließen und den regelmäßigen Kontakt zur Außenwelt zu pflegen.

*Chunky der Wollaffe* *Little Fucker der Kaputiner*

*Der Zungo Zungo genießt sein Ei*

## Kapitel 5: Keine gute Idee

Nach nun mehr fast zwei Wochen im Regenwald kann ich sagen, ich habe mich ein wenig eingelebt. Je mehr meine Erfahrungen zum Alltag werden, desto schwerer fällt es mir, diese für Außenstehende zu beschreiben. Inzwischen empfinde ich Taranteln als fast alltägliche Begegnung. Einen ganzen Meter lange Würmer sind ja nicht mehr als Nasenbärenfutter. Und den Nachmittag damit zu verbringen, ein neues Gehege für Wasserschildkröten zu bauen, um anschließend im hüfthohen Wasser nach ihnen zu tauchen, - kaum der Rede wert!

Auch wenn sich der Tages- und Wochenablauf ähneln, ist kein Tag wie der andere. Mal arbeite ich mit Jorno an den Gehegen, mal helfen wir der Familie bei Dingen, die halt so anfallen. Die Uhren ticken anders hier. Man steht auf, sobald es hell ist, und liegt bald nach Anbruch der Dunkelheit im Bett. Alles das, was dazwischen passiert, ist an keinerlei Hektik gebunden, es unterliegt keinem Zeitdruck. So lange die Tiere gefüttert sind, bleibt alles andere optional.

Auch das ist etwas, woran ich mich erst gewöhnen muss. Wenn es vielleicht nicht so wirkt, bin ich jedoch jemand, der vorausschauend plant und gern weiß, was in Zukunft anfällt. Hier sind die Leute nicht mal sicher, wann und wie ein neuer Volunteer eintreffen wird.

Gewöhnlich sind um diese Zeit Gruppen von bis zu 20 Helfer-Personen normal. `Dank´ des Erdbebens vor ein paar Monaten bin ich schon seit Jahresbeginn die einzige freiwillige Kraft hier. Dies wirft für die Familie einige Probleme auf, denn diese Freiwilligen sind die einzige Einnahmequelle des Unternehmens. Angeblich soll nächste Woche ein neuer Volunteer kommen, - wir dürfen gespannt sein.

Was meine Beziehung zu Jorno in diesen zwei Wochen angeht, kann ich es nur mit einer ziemlich merkwürdigen WG vergleichen. Es ist keine leichte Sache, zwei vollkommen Fremde 24 Stunden, und das genau sieben Tage die Woche, in die Einsamkeit eines Urwaldes zu setzen. Ich denke, wir beide sind jedes Mal dankbar, wenn ein paar andere Mitglieder der Familie oder Julia ein wenig Abwechslung in die Konstellation bringen.

Die Morgenzeit verbringen wir damit, uns anzuschweigen, weil ich weiß, es macht wenig Sinn, mit ihm über die Planung des Tages zu reden. Das hat zunächst diesen Grund: Abgesehen vom Füttern, können wir einfach nicht wissen, was auf uns zukommt. Zusätzlich kann Jorno mein dauerndes Verlangen nach Vorausplanen nicht mehr ertragen.

Da Jornos Interesse an seinen Mitmenschen gerade mal so weit geht, ihnen den sorgsamen und professionellen Umgang mit den Tieren beizubringen, schweigen wir uns halt weiter an.

Während der Arbeit genieße ich allerdings sein Fachwissen und lasse mich gerne von ihm im Umgang mit den Tieren reflektieren. Die langen Strecken zwischen den Gehegen verlaufen jedoch meist in ähnlicher Stille. Entweder, weil die kleinen Stummel, die in Füßen enden, all meine Energie benötigen, oder weil mir gerade kein Tier einfällt, zu dem ich ihn ausfragen könnte.

Manchmal führen wir abends aber tatsächlich Gespräche, die über sein Fachgebiet hinausreichen. Dabei geht es dann meistens um Australien, in welches er in etwa so verliebt ist wie ich. Zusammenfassend kann ich also sagen, ich weiß seine Anwesenheit sehr wohl zu schätzen. Ohne ihn würde ich mit niemandem überhaupt kommunizieren können, denn auch hier ist Englisch ein Fremdgebiet. Dennoch glaube ich, mein bester Freund wird er wohl kaum.

Soviel dazu.

Nun möchte ich euch aber trotzdem nicht vorenthalten, was mir hier so ab und an widerfährt.

Heute Morgen, zum Beispiel, beendet Cookie, die Hündin, um exakt 3:05 meine Nachtruhe, weil sie eine geschlagene Stunde das Bedürfnis hat, die Luft anzubellen.

Die Familie hat mich am Vorabend eingeladen, mit ihnen Ameisen fangen zu gehen, - um 4 Uhr morgens! Selbstverständlich bejahte ich ihr Angebot, verstand bloß beim besten Willen nicht, warum die emsigen Tiere zu so einer unchristlichen Zeit gefangen werden sollten. Meinem Dorfkind-Verständnis nach sind diese Tierchen doch zu jeder Tageszeit ähnlich aktiv.

Aber ich bin nicht Pocahontas und nicht in der Position, hier irgendetwas in Frage zu stellen. Also rolle ich mich um 4 aus den Federn, entledige mich meines zweilagigen Schlafoutfits und schlüpfe in meinen Arbeitsdress.

Draußen dümpelt Jorno bereits in einer der Hängematten. Ich gönne mir einen Kaffee und tue es ihm gleich.

Eine halbe Stunde später kommt Marcia mit zwei mir bisher unbekannten Töchtern: Tilda und Rosa, um uns abzuholen. Zu fünft marschieren wir ein Stück in völliger Dunkelheit durch den Dschungel.

Ich warte an einer Stelle geduldig mit den Töchtern, während Marcia und Jorno ein Stückchen vorlaufen. Da meine Spanisch-Kenntnisse immer noch knapp über dem Nullniveau umherdümpeln, ziehe ich mich während ihrer Unterhaltung in meine kleine Gedankenwelt zurück.

Irgendwann steigt mir der beißende Geruch von Benzin in die Nase, und ich vermute schon, der Generator sei ausgelaufen.

Die fast vollkommene Dunkelheit trägt nicht direkt zur Wohlfühlatmosphäre bei, und die Gedanken an die im Unterholz verborgenen Kreaturen lassen in mir mittelschwere Bedenken wachsen.

Wie aus dem Nichts ertönt Marcias Stimme. Keine zwei Sekunden später haben ihre Töchter zwei Fackeln erleuchtet und rennen zu ihr. (Die Fackeln bestehen aus Stöcken, mit alten T-Shirts umwickelt und in Benzin getränkt, - daher der Geruch.)

Ich folge ihnen und finde mich unweit eines riesigen Ameisenhügels wieder, aus dem in Scharen neue Ameisenköniginnen fliegen, deren Aufgabe es nun ist, ihren eigenen Bau zu gründen.

Wäre da nicht Marcia!

Die aufgestellten Fackeln versengen den verwirrten Insekten die Flügel. So fallen sie in Massen auf die darunter ausgebreiteten Palmenblätter. Dort werden sie von zehn geschickten Händen aufgesammelt und flink in ein paar Beutel gesteckt, wo ihre kurze Reise ein jähes Ende nimmt.

Das Greifen der Königinnen verlangt erst einmal einige Überwindung, denn ihre Bisse sind schmerzhaft und hinterlassen nicht selten kleine, blutige Wunden. Auch die anderen Ameisen attackieren ihre Angreifer tapfer, jedoch erfolglos.

Etwa eine halbe Stunde später ist der Spuk vorbei, unsere Ausbeute allerdings nach Aussage unserer ecuadorianischen Freunde zu dürftig. Die Affen und Nasenbären würden sich trotzdem freuen.

Übrigens komme ich schon vorher in den Genuss, die etwa drei Zentimeter großen Tiere zu probieren. Sobald eine der Einheimischen die unverkennbar aufgewühlte Erde einer Ameisenkönigin auf dem Hügelbau sieht, stochert sie mit ihrer Machete so lange darin herum, bis sie fündig wird. Dann nur noch Beine und Flügel entfernen, - fertig ist der kleine `Snack´ für zwischendurch.

„Mui lecker!“, betont Julio immer wieder und überzeugt mich schließlich, meinen inneren Ekel zu überwinden. „I eat head, you: the ass.“, hat er vorgeschlagen.

Ich werde garantiert kein Fan dieser Delikatesse. Der Panzer hängt mir zwischen den Zähnen, und der Geschmack ist weit entfernt von meiner Auffassung des „Mui lecker!“ Aber erlebt ist erlebt! Später versuche ich mich auch noch mal an einer ganzen `Leckerei´, - jedoch mit dem gleichen Ergebnis.

Weitere Erlebnisse, vielleicht weniger aufregend, jedoch meiner Meinung nach prägend, sind so ziemlich alle Besuche im Haus der Familie.

Dieses besteht aus gerade einmal zwei Räumen, deren Wände fast alle nur halbhoch sind. Der Rest des Hauses ist offen. Was auch dringend notwendig ist, da im Inneren zu fast jeder Tageszeit ein offenes Feuer auf der Feuerstelle lodert. Darin werden entweder handgefertigte und handbemalte Tonschalen gebrannt oder Essen zubereitet.

Auch ich darf mich daran versuchen, die Schalen zu bemalen, und will natürlich mit meiner kreativen Ader punkten. Vergebens.

Die Pinsel: gefertigt aus einem Stück Holz, Tildas Haaren und Garn, - zum Befestigen der Haare. Die schwarzen Haare sind für meinen Geschmack viel zu weich und lang, um detaillierte Muster oder Bilder auf die Schalen zu bringen. Daher beende ich mein Projekt frühzeitig und ohne jeglichen Stolz. Schlimmer wird es, als ich sehe, welche Kunstwerke Rosa und Marcia auf das kleine Tongefäß bringen. Ich beschließe, dies sei eher nichts, mit dem ich meine Freizeit verbringen möchte.

Trotzdem ist es faszinierend, mitanzusehen, mit welch bescheidenen Mitteln die Menschen hier leben und arbeiten müssen. Trotzdem wirkt keiner von ihnen unglücklich. Ganz im Gegenteil ...

Zwischenzeitlich ist es Jorno einmal gelungen, mir einzureden, auf den Cherimoya-Baum vor dem Haus der Familie zu klettern. Tilda macht den Anfang und turnt leichtfüßig von Ast zu Ast bis weit in die Krone hinein, um die leckeren Früchte zu pflücken. Ähnlich geübt tut Jorno es ihr gleich. Rosa, ein wenig schwerfälliger, bleibt unten und unterstützt Jorno bei seinem Versuch, mich zu überreden. Widerwillig entledige ich mich meiner Stiefel und versuche notgedrungen mein Glück.

Mit Mühe erreiche ich den ersten Ast auf etwa zwei Metern Höhe, ziehe mich hinauf, verbringe die folgenden fünf Minuten damit, den Stamm zu umarmen, bevor ich dann, elegant wie ein Walross und reichlich zittrig, den Abstieg beginne ... Reicht!!!

Auch wenn ich mich immer noch sehr oft nach zu Hause sehne und ab und zu meine Weiterreise kaum erwarten kann, bin ich froh, mich für volle drei Monate entschieden zu haben. Die Tage sind abwechslungsreich und lang, und obwohl ich schon vieles gesehen und erlebt habe, weiß ich, es wird noch viel mehr geben, was erlebt werden will.

Am Samstagmorgen werden die Tiere noch einmal vor dem Wochenende versorgt. Jorno will sich bei der Familie erkunden, ob sie mit dem Auto nach Puyo fahren und uns eventuell mitnehmen würden. Zwei Stunden später ist er zurück mit den knappen Worten: „Done some more work!" Ich warte vergebens auf seine Aussage zum Vorschlag Autofahrt. Die bleibt natürlich aus. Als ich explizit nachfrage, antworte er knapp „BUS!" - und verschwindet irgendwo im Center. Konnte er das nicht früher sagen??? Nach nochmals einer Stunde verliere ich die Geduld und beschließe, mir alleine meinen Weg nach oben zu bahnen. Ich brauche ohnehin länger als er und werde einfach auf der Straße auf ihn warten. Ich finde ihn in seinem Zimmer, teile ihm meinen Plan mit und mache mich auf den Weg. Wie so ziemlich bei jedem Weg hier ohne Jorno, der mit seiner Leichtfüßigkeit einen permanenten Leistungsdruck ausübt, ist es allein angenehmer. Ich genieße es direkt, mal nicht hetzen zu müssen. Der Weg teilt sich in drei Abschnitte: zuerst eine ganze Weile Schotterpiste, dann ein Stück die Wiese hinauf, wo wir regelmäßig auf Grashüpferjagd gehen, und zum Schluss noch mal ein größerer Abschnitt im Dschungel. Alles selbstverständlich bergauf. Manchmal stelle ich mir vor, was die Heldin meiner Kindheit, Lara Croft, hier machen würde. Auch sie war ja in einigen ihrer Abenteuer im Dschungel unterwegs. Höchstwahrscheinlich würde sie mit ihrem Raketenwerfer auf einen Tyrannosaurus Rex schießen. Mangels Kraft in den Oberarmen und längst vergangener Naturkatastrophen, die zum Aussterben besagter Rasse geführt haben, ist dies aber keine Option für meinen `Dschungelspaziergang´. Ich beschränke mich vielmehr darauf, die Aussicht zu genießen und kleine Fliegen aus meinen Haaren und sämtlichen unverdeckten Körperöffnungen zu pulen. Oben angekommen warte ich bestimmt eine halbe Stunde, bis der Bus, aber nicht Jorno kommt. Nur eine Sekunde überlege ich und entscheide mich, allein zu fahren.

Eine schlechte Idee! Eine ganz schlechte Idee!!

Ich komme zwar sicher in Puyo an, jedoch das ist es dann auch. Irgendwann finde ich schließlich die Bar wieder, in der ich bei meinem ersten Besuch in der 33 000 Einwohner-Stadt mit Jorno gesessen habe, und nutze auch hier wieder das Internet. Leider hilft mir das gar nichts bei meiner Suche nach dem Hotel, welches mir das letzte Mal empfohlen wurde. Also begebe ich mich irgendwann wieder einmal recht mutlos auf die Suche. Bald darauf beginnt es zu dämmern, - und ich befinde mich am Ende meiner Motivation. In mir macht sich leichte Verzweiflung breit. Eventuell trägt die Tatsache, dass ich seit dem Frühstück nichts mehr gegessen habe, nicht förderlich zu meiner Stimmung bei, - der gute Blutzuckerspiegel, - wer kennt das nicht? Irgendwann erreicht mich der Punkt vollkommener Niedergeschlagenheit. Wütend bin ich: auf mich und meinen nicht vorhandenen Orientierungssinn plus immer noch fehlender Sprachkenntnisse. Wütend auf jeden einzelnen Ecuadorianer auf der Straße, der noch nie ein Wort Englisch gehört hat, obwohl dies doch offensichtlich die Weltsprache ist. Zu guter Letzt wütend auf die untergehende Sonne und den Rest des Universums. So kommt es, dass ich im nächstbesten Hotel einchecke, 25 Dollar ärmer, hinter verschlossener Tür erst einmal in Selbstmitleid und einem Schwall Tränen versinke. Für die nächsten Stunden darf mir Hauke, meine anfangs erwähnte Beziehung, ohne Rücksicht auf seine fortgeschrittene Nacht telefonisch zur Seite stehen, um meinen inneren Seelenkrieg nicht mit mir ganz alleine auszumachen. Nach einer heißen Dusche und einigen erfolgreichen Internetrecherchen werde ich mir schließlich über meinen Standort klar und entlasse meinen todmüden Hauke in seine verdiente Nachtruhe.

Julia wird morgen zurück nach Deutschland fliegen, und ursprünglich ist geplant, ich würde mit Jorno an ihrer kleinen Abschiedsfete teilnehmen. Auf Grund meiner jetzigen Situation sagte ich ihr schon kurz nach dem Einchecken ins Hotel per Facebook ab.

Es ist bereits 21 Uhr, als ich eine Antwort auf die Nachricht erhalte. Allen Ausreden zum Trotz, überzeugt sie mich (mit nassen Haaren, verheulten Augen und in Shorts und Tanktop) auf einen Drink in der Bar vorbeizukommen. Es ist ja ihre letzte Nacht, und die Bar keine fünf Minuten vom Hotel entfernt. (Noch einmal zum besseren Verständnis: Julia war vor einem Jahr als Volunteer in Sacha Yacu, wo sie Julio kennenlernte. Beide verliebten sich, und seitdem besucht Julia ihn, wann immer es ihre Zeit zulässt, - am schweizerischen Geldbeutel kann es nicht liegen. Dies ist, soweit ich weiß, ihr dritter Besuch.)

Also begebe ich mich widerwillig zurück auf die unglücksgepflasterten Straßen Puyos. In der Bar erwarten mich Julio, Jorno, Julia und zwei Herren, die ich noch nicht kenne. Julio erzählt mir, sie hätten keine Möglichkeit gehabt, mich zu erreichen, haben den ganzen Nachmittag gegrillt, und es sei superschön gewesen. Ich darf mir sogar mit meinem knurrenden Magen Fotos von der Feier ansehen. Im Zuge der

Geselligkeit kippe ich mit ihnen einen Shot und rechtfertige mein Aussehen mit familiären Problemen, da ich zu dem Erlebten noch nicht den nötigen Abstand habe, um meine Verzweiflung mit Humor zu sehen. Eine Weinflasche später verabschiede ich mich und niste mich in meinem überteuerten Zimmer ein.

Am nächsten Tag sieht die Welt ganz anders aus. Ich finde einfach alles, was ich suche: von der Wäscherei über ein frühstückstaugliches Café bis hin zu dem besagten Hotel, in dem der Wirt so nett ist, mich das Internet benutzen zu lassen, obwohl ich da ja nicht genächtigt habe. Der Rest des Tages besteht aus Warten: Warten auf die Wäsche und Warten auf den Bus an der Haltestelle.

Als ich mir in strömendem Regen meinen Weg zum Sacha Yacu Center bahne und bei jedem fünften Schritt ausrutsche, fühle ich mich seltsam glücklich. Ich grinse wie eine geistig umnachtete Person vor mich hin und könnte nicht einmal sagen, warum. Irgendwie bin ich stolz. Der Stolz einer Dummen, der es wieder einmal gelang, etwas allein zu meistern. Vielleicht nicht gut, aber ich lebe wenigstens und kehre zurück ... pünktlich!

***Sacha Yacu bedeutet: Wildes Wasser***

***Der Dschungel nach Einem Regenguss***

## Kapitel 6: Regen wie aus Eimern

Ja, Freunde, - was kann ich euch sagen?

Der Montag ist faszinierend entspannend, denn genau in dem Moment, als wir mit dem Füttern fertig sind, beginnt es, wie aus Eimern zu schütten. Zuerst suchen wir Schutz in einem nicht ganz fertig gewordenen Häuschen an einem Hang. Jorno und Rosa bandeln, scheint mir, gerade ein wenig miteinander an. Das ist mir auch schon während der letzten Woche aufgefallen, aber langsam wird es wirklich auffällig. So sitzen sie gemeinsam, mit den Stiefeln über die Kante baumelnd, im Dachgeschoss der Hütte und reden spanischen Firlefanz, während ich, nass und kalt, wie ich bin, mit ein paar losen Brettern probiere, mir eine Art Windschutz zu bauen. Vergeblich. Jedenfalls erheitern meine Versuche wenigstens die beiden Turteltauben. Irgendwann gebe ich auf, starre auf den Boden, auf dem der Regen bereits kleine Bäche bildet. Erst schwirren meine Gedanken noch ziemlich zusammenhanglos umher. Zum Beispiel: Wie viele fleißige Ameisenarbeiterinnen hat der Bau da unten wohl durch den Regen verloren? Gibt es eine gebührende Trauerfeier? Oder: Wenn man jetzt Fische füttern würde, könnten die den Einschlag vom Futter von dem der Regentropfen unterscheiden? Wenn `Nein´, macht Angeln im Regen denn da überhaupt Sinn? Irgendwann rutschen meine Gedanken auf eine etwas tiefsinnigere Ebene. Ich beginne, intensiv über mein Leben hier und das Leben zu Hause zu philosophieren. Der erste Gedanke, den ich für längere Zeit weiterverfolge:

## Regengedanken: Dschungel und Fitness

Die nächsten Zeilen sind lediglich Gedanken. Sie tragen also nicht zur folgenden Handlung bei, und ihr seid herzlich eingeladen, sie zu überlesen.

Ich betrachte mich als einigermaßen fitten Menschen, der vielleicht nicht so aussieht, aber im Fitnessstudio schon gut an den Durchschnitt heranreicht. Dennoch gerate ich hier im Dschungel ständig an meine Grenzen, an meine Unfähigkeit. Woran liegt das? Warum fällt mir jede körperliche Anstrengung hier ungewohnt schwer? Ganz einfach! Weil alles, was ich bisher gemacht habe, einzig und allein den Zweck hatte: Besser aussehen! Weder der \`Crosstrainer´ noch die \`Bankpresse´ oder das \`Laufband´ hatten irgendetwas mit alltagstauglichen Fähigkeiten zu tun. Jedes aufgeplusterte Popcornmännchen dort, auf dessen knallharten Oberarmen sich dicke Adern ziehen wie Pipelines durch die sibirische Taiga, war ein überlebenstechnischer Nichtsnutz. Auch wenn sie in ihrer Freizeit Hula-Hoop mit Traktorreifen spielen, gibt ihnen das nicht die Möglichkeit, auf Bäume zu klettern oder treffsicher mit einer Machete eine Wurzel zu durchtrennen. Ihre Beine können zwar 150 kg von sich wegdrücken, - können sie jedoch auch über einen Baumstamm balancieren? Wie lange könnten sie von Stein zu Stein springen, ohne ins Wasser zu fallen? Ja, natüüüürlich, das braucht man ja nur im Dschungel, denkt jetzt vielleicht der Eine oder Andere und hat damit durchaus Recht. Natürlich sind solche Fähigkeiten für uns nicht überlebenswichtig, aber wäre das nicht einfach praktisch? Wäre es nicht praktisch, statt mit einer Leiter ohne diese auf einen Baum klettern zu können, um die Äpfel in der Krone zu erreichen?

Wäre es nicht toll, aus einem Waldspaziergang ein Abenteuer zu machen und neue Wege an anderen Ufern auszuprobieren? Wann haben wir aufgehört, praktisch zu sein und angefangen, alles auf Ästhetik zu setzen? Würde mich jemand heute fragen: „Willst Du lieber 10 kg weniger auf den Hüften haben und an deinen Fähigkeiten nichts ändern, oder willst du die Skills von Lara Croft haben und noch mal 10 kg drauf packen?“ Für was rackern wir uns denn im Fitnessstudio ab? Fitter, im Sinne von alltagstauglicher, macht uns das wirklich nur bedingt.

„Entschuldige bitte, Steven, ich weiß auch nicht, wie die beiden 50 kg Fässer an der Eisenstange vor mein Sofa gekommen sind. Aber könntest du die mal hochheben, damit ich mit dem Staubsauger drunter kann???“

Und sind wir doch mal ehrlich zu uns selbst! Hier 2 cm Hüftumfang sparen, hier muss der Po straffer sein. Wenn man eine `Hackfresse´ hat, ändert auch das nichts. Und doch reden wir uns genau dieses ständig ein. Wenn ich da weniger und dort mehr hätte, wäre ich schon zufrieden ... Wenn das weg wäre, wäre alles gut. Wir eifern vorgesetzten Idealen nach und stecken uns utopische Ziele, die uns NICHTS bringen. Ich rede hier nicht von den Übergewichtigen, für die rein gesundheitlich jedes Mittel recht ist. Ich rede von all den anderen. Warum zur Hölle schwitzen wir uns in den Buden halb ins Delirium, schaffen es aber zu Hause nicht mal, den Dachboden aufzuräumen, was unterm Strich sicher ebenso schweißtreibend wie kalorienverbrennend wäre. Warum steht man lieber eine Stunde auf dem Laufband, statt mit dem Hund zu joggen? Warum hebt man lieber nach der Arbeit 45 mal 20 Kilo, anstatt während der Arbeit in der Kita Klein-Henri den Spaß seines Lebens zu verschaffen, indem wir ihn ein paar Mal hochwerfen und natürlich auch wieder auffangen? Ich spreche hier auch von mir. Nehme mich da nicht raus und kann nicht einmal unterschreiben, ob ich nicht in mein altes Verhaltensmuster zurückfallen werde, sobald ich zu Hause bin. (Allein schon deswegen, weil ich noch einen Fitness-Studio-Vertrag offen habe.)

Aber dennoch: Es macht mich stutzig.

Allein, wenn ich Jorno angucke, der mit seinen eins, paar mal achtzig ganze 66 kg auf die Waage bringt. Diese Stange Lauch dürfte so manchem Fittigänger, sowohl in Sachen Kondition wie auch in Kraft, einiges vormachen, aber so sieht er halt nicht aus. Ich persönlich finde es viel beeindruckender, wie er und die anderen sich hier ganz selbstverständlich anspruchsvollen Kraftakten stellen und dabei auch noch produktiver sind als irgend so ein anabolikagetränkter Fitnessguru, - der, im Grunde genommen, mit seiner Kraft gar nichts anzufangen weiß.

Aber das nur dazu!

(Regengedanken Ende!)

Der Rest der Woche verläuft mehr oder weniger ereignislos. Langsam mache ich mich mit der Machete bekannt und schlage bei 34 Grad im nicht vorhandenen Schatten Pflanzen aus einem leeren Fischteich. In Sachen Treffsicherheit konnte ich schon einiges dazulernen, und es macht sogar Spaß. Zwischenzeitlich habe ich mich sogar zu einer kleinen Dschungelwanderung hinreißen lassen. Jorno führt Rosa und mich irgendwo durch die Walachei, um dann vor einer ziemlich tiefen Schlucht zu stehen. Wieder einmal scheine ich die Einzige zu sein, der die lose Erde, fehlende Bäume zum Festhalten und die steilen Passagen eine Höllenangst einjagen. Zudem folgen uns die Welpen auf Schritt und Tritt und stellten sich bei manchen Kletterpartien noch ungeschickter an als ich. Regelmäßig muss Jorno zurückklettern und einen der beiden aus einer misslichen Lage befreien.

„You know, I am not ready to die?“, frage ich Jorno.

„You are not gonna to die, I`ll help you!“ Das beruhigt mich nicht im Geringsten. Ich weiß zwar, Jorno als Coordinator ist für die Volunteers verantwortlich, doch auch er wird mich bei einem Fehltritt kaum halten können. Gleich beim ersten Abschnitt überschätze ich die Standfestigkeit einer Wurzel und rutsche, zusammen mit einem Schwung Erde, mindestens zwei Meter in die Tiefe, bevor ich von einem glücklich positionierten Baumstumpf aufgehalten werde. Mein Herz schlägt mir bis in die Ohren und die Finger zittern, als Rosa meine Hand ergreift und mir auf die Beine hilft. In meinem BH hat sich ein Ameisenvolk eingenistet und den gesamten Bau als Reisegepäck mitgenommen. Meine Arme haben einige Schrammen abbekommen, aber sonst alles okay. Der Abstieg ist damit aber keinesfalls beendet. Etwa eine Stunde dauert der und ist, wenn man sich erst einmal ans Rutschen, Springen und Fallen gewöhnt hat, ganz erträglich. An der Straße angekommen, lehne ich den Vorschlag, durch einen Fluss zurückzugehen, dankend ab und überlasse Jorno und Rosa ihrem `Pocahontas & John Smith-Abenteuer´, während ich mich mit den Welpen auf den Rückweg mache. Ich habe genug für einen Tag. Zu Hause angekommen, bereue ich natürlich meine vorschnelle Entscheidung, ein Abenteuer abgelehnt zu haben. Aber als ich die einsamen Stunden nutzen kann, meine Nase in mein Buch zu stecken und die Welpen zu knuddeln, scheint die Welt wieder in Ordnung.

Ich habe eine gewisse Abneigung gegen *Pascal* entwickelt, den Psychovogel von nebenan, dessen grauenvolles

Lachen und gruselige Stimme mich bis in die Träume verfolgen. Seinen Käfig darf man nur noch mit Bodyguard und Stock betreten, was die `Oben-Runde´ zu einer Herausforderung macht. Bei der `Unten-Runde´, - die mit den Affen, - hat eines der Weibchen ein Auge auf Jorno geworfen und attackiert mich inzwischen gerne mal, sobald ich zur Futterausgabe dazu stoße. Sie sieht mich offenbar als Konkurrentin. Das aber führt dazu, dass Jorno den Käfig von nun an komplett übernimmt und ich ihm hier beim Saubermachen nicht helfen muss. Noch immer ist kein weiterer Volunteer eingetroffen, was nicht nur den Arbeitsalltag, sondern auch die Stimmung nicht unbedingt positiv beeinflusst. Langsam stört es mich, weil ich für so ziemlich jeden Käfig verantwortlich sein soll, während mein Coordinator nur untätig daneben sitzt und höchstens einschreitet, falls etwas vorfällt. Ich denke, auch wenn ich zum Arbeiten hergekommen bin, so könnte man die Arbeit mit den Tieren wenigstens teilen.

Ich will damit nicht etwa sagen, Jorno wäre faul. Nachmittags arbeitet er wie ein Tier und scheint eigentlich ständig auf Achse zu sein. Morgens könnte er mir trotzdem ruhig den einen oder anderen Handgriff abnehmen. Zudem gebe ich mir keine Mühe mehr, ein Gespräch mit meinem holländischen Coordinator anzufangen. Die Dinge, die ich wissen will, weiß er nicht. Die Dinge, die er weiß, hat er schon erzählt. Meine neue Strategie ist daher, nach der Arbeit mit den Tieren immer und überall meinen MP3 Player mit den Hits von vor drei Jahren mitzunehmen, um meine Stimmung aufzuheitern.

Und wieder schwebt das Gerücht umher, am Sonntag würden zwei Neue eintreffen. Wieder einmal dürfen wir gespannt sein.

*Almando und ich ernten Zuckerrohr*

*Fiona der schüchterne Kinkajou*

## Kapitel 7: Neuer Wind

Mein Wochenende in Puyo, - mir fehlen die passenden Worte ... Schön? Hilfreich? Deprimierend? Traurig? Informativ? - Ich habe keine Ahnung, wie ich in eineinhalb Tagen eine solche Achterbahn der Gefühle durchmachen konnte, aber anscheinend war das möglich. Auf der einen Seite war es eine Erlösung, so viel mit meinen Freunden, meinem Freund und meiner Familie zu skypen, auf den neuesten Stand gebracht zu werden, ihre Unterstützung zu erfahren und seit drei Wochen das erste Mal wieder richtig zu lachen. Auf der anderen Seite hatte ich eine sehr einseitige Plattform, um mich über die Dinge auszutauschen, die ich hier mehr oder minder `erleide´. Auch wenn es vielleicht den Anschein erweckt, so ist hier längst nicht alles `Fun and Games´ für mich. Es ist wirklich eine harte Prüfung, und ich ertappe mich häufig dabei, wie ich die Tage rückwärts zähle. Zum Beispiel habe ich hier keine Freunde. Ich bin allein, und mein niederländischer Mitbewohner ist, wie ihr wisst, nicht gerade das, was man unter optimaler Gesellschaft versteht. Ich möchte ihn nicht schlecht reden. Wir sind einfach grundverschieden und – na ja, ihr kennt das ja vom `Dschungelcamp´. Die Macher wissen schon, warum das nur zwei Wochen lang läuft. Spätestens nach drei Wochen gäbe es die ersten Schlägereien, und nach einem Monat würde die Titelseite der BILD-Zeitung in großen roten Lettern melden: Der Gewinner der dritten Staffel von DSDS von der Drittplatzierten der achten Staffel von „Germanys Next Top Model", deren Namen auch nach vier Wochen keiner mehr kennt, im Schlaf ermordet! Untertitel: *Mit einer Python erschlagen*!!!

Zwischen Jorno und mir existieren mehr als genug begründete oder unbegründete Missverständnisse, Genervtheiten, missverstandenes Schweigen. Tagesformabhängig schlagen mir die negativen Wellen tsunamimäßig sprichwörtlich `in die Fresse´. Dazu kommt die harte und andere Art von Arbeit, die wenige offizielle Freizeit, die man aktiv für sich nutzen kann, usw. usw.

Aber das soll nun ein bisschen anders werden. Als ich Jorno auf meinem Weg zurück im Bus antreffe, rutscht mir erst einmal das Herz in die Hose. Ich bin davon ausgegangen, er würde an diesem Wochenende das Center nicht verlassen. So habe ich mich lautstark via Whatsapp mit meinen Landsleuten in der Hotellobby über ihn ausgetauscht. Und er versteht Deutsch! Wir nehmen nämlich immer das gleiche, günstige und gut gelegene Hostel in Puyo. Er zeigt jedoch keinerlei Anzeichen, meine Beschwerden vernommen zu haben. Daher entspanne ich mich während der Fahrt so gut wie in dem viel zu überfüllten Bus möglich, der nur noch einen Stehplatz für uns bereithält. Die Fahrt dauert ein wenig länger als sonst, da der Bus, völlig überladen wie er ist, große Probleme hat, die Steigungen zu überwinden.

Ausgestiegen, rennt Jorno erst einmal vor … Klasse! Doch etwas gehört? Aber dann treibt er mich zur Eile an mit den Worten: „Vamos! Run!“ und beginnt ein Gespräch über das Wochenende.

Erst unten am Weg gelingt es mir, ihn einzuholen. Er zeigt sich ungewöhnlich gesprächig. Findet, ich müsse schneller werden, und ich vergleiche mich mit einem Fluss aus Schlamm, - langsam aber stetig. Jorno, der meine abgedrehten Vergleiche ohnehin nur selten nachvollziehen kann, antwortet ungewohnt humorvoll: „More like a swamp?“ So bekomme ich meinen Spitznamen „Swampy“ verpasst, - ganz süß eigentlich!

Am Center finden wir doch tatsächlich zwei Mädels vor, in den Hängematten. Endlich!!! Neue Volunteers!! Die Schweizerinnen werden zwar nur bis Freitag bleiben, doch auch das ist schon Lichtblick genug. Fünf Tage, in denen Jorno seinen Fokus ändern muss, darf, - will?? Die zwei sind mir sehr sympathisch, vor allem weil auch sehr reiselustig. Ihre Geschichten von viermonatiger Roadtrip durch Kanada bis zur Arktis und drei Monaten in Afrika lassen tatsächlich Neid in mir aufkommen. Außerdem waren sie immer zu zweit unterwegs, was unbedingt seine Vorteile hatte. Nichtsdestotrotz erscheinen sie offen und freundlich. Jorno erklärt ihnen in Kurzform die Station, und sie sitzen noch eine Weile zusammen, während ich mich mit meinem Buch in mein Zimmer verkrümele.

Juhu! Montag!

Nach der Vorbereitung des Futters und einer kleinen Grundreinigung im Center mache ich das erste Mal mit Almando, dem Vater, die Unterrunde zu den Affen, Pegarys und Schildkröten. Weil wir uns nicht verständigen können, unternehmen wir keine großen Versuche, aber es macht Spaß, - auch ohne Worte. Das tun die Käfige unten sowieso, denn ich habe mich in den vergangenen Wochen tatsächlich verliebt. *Little Fucker,* der Leitaffe mit Epilepsie, hat es mir angetan. Nicht nur, weil sein Name eindeutig auch auf meinem Mist gewachsen sein könnte, sondern vor allem, weil seine Art mich immer wieder aufheitert. Während ich den Käfig saubermache, positioniert er sich ständig provokant vor mir und macht mir damit klar, wie und wo er gekrault oder gekratzt werden will. Komme ich seiner dezenten Bitte nicht nach, schreit er mich entweder an oder wechselt die

Position, um mehr Aufmerksamkeit zu bekommen. Ich verbringe viel Zeit damit, ihn liebevoll zu kraulen. Ich weiß auch nicht, ich mag das nette Kerlchen einfach!

Am Nachmittag bittet uns Marcia, die Mutter, mit ihr zu einer politischen Veranstaltung in El Trinufu, dem letzten Kaff vor Sacha Yacu, zu gehen. Wir sollen unsere Unterschriften unter die schriftliche Bitte setzen, Elektrizität auf die Straße zu bekommen ... Die ganze Aktion wird um 15 Uhr beginnen. Unser ursprünglicher Plan: Nach getaner Arbeit und einem Mittagessen ein wenig früher loszufahren, um uns noch einen Wasserfall anzuschauen. Wie kann es auch anders sein, daraus wird selbstverständlich nichts. Marcia hat für halb drei ein Taxi bestellt. Natürlich entscheiden wir uns für diese bequeme Variante, anstatt den Berg zur Straße hochzusteigen. Und wie kann es anders sein (das ist eine bewusste Wiederholung!), daraus wird natürlich erst recht nichts. Warum auch immer, aber das Taxi kommt und kommt nicht. Enttäuscht machen wir uns gegen drei auf den beschwerlichen Weg nach oben, finden dort nach einer Weile Fußmarsch tatsächlich einen Bekannten von Almando, der uns auf der Ladefläche seines Pickups mitnimmt, und erreichen noch \`pünktlich´ um 16 Uhr die Veranstaltung. Ein paar Menschen haben sich bereits vor dem Gebäude eingefunden und begrüßen alle, die dazu kommen, mit Handschlag. Es werden Gartenstühle jeder Art und Form angeliefert und nach oben getragen, wo sie in einem Raum, ähnlich einem kleinen Dorfgemeinschaftshaus, nur ohne Stühle, als Sitzgelegenheiten vor einem Podium aufgereiht werden. Der Raum ist faszinierend \`normal´: gefliest, weiße Wände, verglaste Fenster! Eine weitere Stunde später beginnt das \`Theater´. Ich verziehe mich mit den Schweizer-Mädels an die Wand hinter der Box, - in die hinterste Ecke des Raumes. Die Stühle sind schon sehr früh vergeben, und deshalb reihen sich die übrigen Frauen, Männer und Kinder am Rand auf. Wir fühlen uns auffallend weiß, muss ich feststellen. Sicherlich fragen sich 95 % der Leute, was wir eigentlich hier wollen und zu wem wir gehören. Die restlichen 5 % sind die Politiker.

In den zwei drauf folgenden Stunden brüllen, von unserm Platz aus nicht zu erkennende, Menschen in ein Mikrofon und ernten dafür gebührenden Applaus. Ich schiebe mir die rechte Seite meines MP3Handys in die Ohren (die linke Seite ist kaputt) und lausche mit einem Ohr, wie Sido Jennifer Rostock an die Wäsche will, während das andere mit der Lautstärke eines Raketenstarts in spanischem Politikergeschwafel ertränkt wird. Hin und wieder nicke ich mit ernstem Gesichtsausdruck und applaudiere zustimmend, wenn die Menge es vorgibt. Trotz Musik erscheint mir die Veranstaltung quälend lang. Zwischendurch führen einige Kinder einen Tanz auf. Gegen Ende erwartet uns zuerst eine Suppe aus nicht definierbaren Hähnchenteilen und anschließend eine Riesenportion Yuka, Mais, Salat und Schweinefleisch. (ebenfalls undefinierbar!) Warum man bei einer politischen Veranstaltung jedem Besucher eine komplette Mahlzeit spendiert??? Keine Ahnung! Während wir, auf dem Boden sitzend, den Inhalt der Suppe begutachten, werden wir von den Einheimischen beäugt, - kritisch, jedoch interessiert. Inzwischen ziehen wir `Weißen´ mehr Blicke auf uns als die Politiker, und ich fühle mich irgendwie total fehl am Platz. Zum Glück ist danach die Veranstaltung beendet, - wir können den Heimweg antreten. Es wurden weder Unterschriften gesammelt, noch sonst irgendetwas, zu dem wir aktiv hätten beitragen können, aber gut …

Am Mittwoch wird mir aufgetragen, mit Almando die Oben-Runde zu machen. Was ich nicht weiß: Diese Runde wird anscheinend von ihm nie oder zumindest sehr selten gemacht. Deswegen befinde plötzlich ich mich in der Verantwortung. Die Verantwortung ist besonders spaßig, wenn du wegen Verständigungsproblemen weder Aufträge noch Zielvorgaben machen kannst. Also mache ich die Arbeit vorwiegend allein. *Pepples*, der von mir so genannte Totenkopfaffe, attackiert mich wieder einmal, erwischt zum Glück nur meine behandschuhten Finger. Gratisflugstunden für den Affen folgen. Auch *Pascal* zeigt sich von seiner besten Seite und begreift sofort: Dieser Almando macht keine Anstalten, ihn mit einem Stock in Schach zu halten. Logische Konsequenz: Attacke! Der Horrorvogel ahnt anscheinend, wo es weh tut, und stürzt sich prompt auf meinen Kopf. Wieder einmal retten meine Handschuhe mich vor größeren Verletzungen, als ich ihn von meinem Kopf zu ziehen versuche und auf den Boden werfe. Nur ein winziger Teil in mir hält mich davon ab, auf ihn draufzutreten. Scheißvogel!

Nach dem Lunch wollen wir eigentlich Angeln gehen, entscheiden uns dann aber, von Marcia zu lernen, wie man Tonschalen herstellt. Mit mehr oder minder befriedigendem Ergebnis. Das stellt sich als bessere Wahl heraus, denn während Jorno und Almando angeln, befinden wir uns sicher unter einem Blechdach, als monsunartiger Regen aufkommt und den ganzen Tag und einen Teil der Nacht anhält. Zeitweise hämmern die Regentropfen so laut aufs Dach, dass man sein eigenes Wort nicht versteht. In der Mitte, dort wo die beiden Dachhälften aufeinandertreffen, regnet es fröhlich rein. Macht aber nix! Man kann sich ja umsetzen, auf dem Boden ist reichlich Platz. „Durch den Monsun“ … ganz ehrlich, was hat sich „Tokio Hotel“ denn damals nur gedacht? Als wäre der metrosexuelle Leadsänger nur ein einziges Mal bei Nieselregen vor die Tür gegangen, - die Frisur hätte das gar nicht mitgemacht. Und dann wagt der es, über den Monsun zu singen! Hat er bestimmt mal im Fernsehen gehört, das Wort, und fand es so schön, da musste er gleich ein Lied drüber schreiben. Der denkt bestimmt heute noch, der Monsun sei ein Kuchenbasar oder so, - egal! Ich verkrümele mich mit *Tintin*, einem der Welpen, in eine Ecke und lasse meinen Gedanken wieder einmal freien Lauf mit dem unter anderem folgenden Ergebnis:

## Regengedanken (Teil 2): Der Dschungel und die Kinder

Rein theoretisch befinde ich mich in einem erzieherischen Eldorado für Achtjährige. Die Kinder wachsen hier nur in der frischen Luft auf. Nichts verführt sie und lenkt sie ab beim Spielen in der freien Natur. Von Anfang an sind sie körperliche Anstrengung gewohnt. Computerspiele und Fernsehen müssen nicht durch strikte elterliche Zeiteinteilung oder Regeln eingeschränkt werden. Ohne Strom ist die Flucht in die virtuelle `Realität´ kaum möglich. Die Kinder entwickeln auf die Art eine angemessene Körperwahrnehmung und lernen, ihre Kraft richtig einzuschätzen und einzuteilen. Abenteuersinn, Kreativität, Problemlösungsstrategien und der respektvolle Umgang mit der Umwelt sind von Anfang an und ohne Frage wichtigster Teil ihres Lebens.

Auch Krankheiten oder gar Allergien sind hier sicher kein so großes Thema wie in Deutschland, wo die Kinder in Watte gepackt und in Sagrotanwölkchen herumgetragen werden, bis der Alltag sie in die keim-, bakterien- und reizgefüllte Welt zieht. Zudem ist hier auch der aktive Umgang mit der Natur besonders wichtig:

`Welche Tiere sind giftig? Welche Pflanzen bergen Trinkwasser?

Was ist giftig und was nicht?

Welche Gewässer eignen sich zum Schwimmen, und welche sollte man besser meiden?´

Natürlich hat das auch Schattenseiten. Gleichaltrige zum Spielen scheint es nicht zu geben. Bis zum Schuleintritt sind diese Kinder in erster Linie nur mit sich selbst und den Geschwistern beschäftigt. Es sei denn, die Eltern haben, so wie die Familie hier, einen Zweitwohnsitz in der Stadt. Da gibt es dann nämlich auch alle technischen Ablenkungen der Neuzeit. Aber vielleicht ist gerade dieser Wechsel zwischen Moderne und `Back to the roots´ gesund. Zumindest scheint es den Kindern hier an nichts zu fehlen. Wenn mich noch vor nicht allzu langer Zeit ein kleines Mädchen in dreckverkrusteten Klamotten, das an einem halb aufgegessenen Maiskolben knabberte, mit ihren braunen Augen ansah, hätte ich Mitleid gespürt. Das arme Ding hat ja nicht einmal saubere Kleidung ... Pustekuchen! Dem „armen kleinen Ding“ fehlt es an überhaupt nichts. Es macht nur wenig Sinn, jeden Tag die Kleidung zu schrubben, wenn diese fünf Minuten später wieder genauso dreckig aussehen wird. Vielleicht hat dieses „arme kleine Ding“ ja eine wesentlich glücklichere Kindheit als so manches reiche Balg in Deutschland, was am Ende eines fernsehgefüllten Abends, sicherlich in einem sauberen, weichgespülten Marken-Schlafanzug, ein Stück Pizza vor der Nase, ansonsten nichts Positives erlebt hat.

Womit wir beim nächsten Thema wären:

Wie gut muss es sein, wenn du nur frische Lebensmittel und Zutaten zu bezahlbaren Preisen zur Verfügung hast. Die wenigsten hier verwenden Instantsoßen oder essen `Dosenfutter´ und Fertiggerichte. Zudem wird niemals die Hälfte vom Teller weggeschmissen, sondern so ziemlich alles verwertet, was noch essbar scheint. Was dann übrig bleibt, bekommen die Schweine. So sollte es doch eigentlich sein, - oder? Sicherlich gibt es auch eine Menge Nachteile, aber ich habe hier nicht ein Kind gesehen, das sich schreiend auf den Boden des Supermarkts wirft, weil es die Chips nicht bekommt, die es unbedingt haben will. Ebenso habe ich hier niemanden gesehen, der sein Kind achtlos hinter sich her schleift, während er, rauchend in sein Smartphone vertieft, Dauergespräche führt.

Ich kann mir nicht helfen, aber ich glaube sicher, ein paar Monate Dschungel täten so manchen Eltern und Kindern mehr als gut.

(Regengedanken Ende!)

Irgendwann gegen 18 Uhr gelingt es uns, einen regenschwacheren Moment abzupassen und zügig den Heimweg anzutreten. Zusammen mit den Schweizerinnen zaubern wir Kartoffelpuffer zum Abendessen und lassen den lieben Gott einen guten Mann sein.

Obwohl die Schweizerinnen wirklich super nett und humorvoll sind, habe ich etwas Komisches festgestellt. Das, was mir die ersten Tage so zu schaffen machte, dieses ständige Alleinsein, niemanden zum Reden haben und stets nur den eigenen Gedanken nachzuhängen, empfinde ich plötzlich gar nicht mehr so schlimm. Die Einsamkeit ist so etwas wie mein bester Freund geworden. Ich genieße es inzwischen, schweigend hinter jemandem herzulaufen und in meiner Vergangenheit, Zukunft und in seltenen Fällen auch mal in der Gegenwart zu stöbern.

Geselliges Kartenspielen lehne ich ab unter dem Vorwand, eine spannende Stelle in meinem Buch lesen zu müssen, - und finde mich dann draußen in der Hängematte, den Sternenhimmel betrachtend.

Während die anderen reden, spinne ich mir meine Fantasiewelt zusammen. Und bin ganz und gar nicht unglücklich damit. Ganz im Gegenteil! Es tut gut, für sich zu sein. Natürlich nehme ich mich nicht immer und überall raus. Ich genieße die Anwesenheit der beiden Mädels. Nicht nur, weil Jorno in erster Linie für sie verantwortlich ist, sondern auch, weil sie tolle Personen sind, mit denen man gut reden kann und die auch mal für den einen oder anderen Lacher sorgen. Ich bedaure, dass sie am Freitag schon wieder aufbrechen. Ich denke, ihnen ist kaum bewusst, wie stimmungsrettend ihre Anwesenheit ist. Wie sehr mir diese wenigen Tage helfen, einmal Abstand von meinen Sorgen zu bekommen. Ich möchte noch eins erwähnen: Ich, die sich rühmte, nie gestochen zu werden, habe inzwischen so viele Moskitostiche abbekommen, dass ich eventuell bald selbst ein Moskito werde. Es gibt nämlich keine einzige Körperstelle mehr (und damit meine ich unangenehmerweise wirklich KEINE!), die nicht von den widerlichen kleinen Biestern heimgesucht wurde. Die Hälfte der Nacht verbringe ich entweder damit, mich so lange zu kratzen, bis sich mein Körper anfühlt, als hätte ich mich mit Benzin übergossen und angesteckt, oder den Juckreiz zu ignorieren. Was sehr viel schwerer ist! Morgens stehe ich extra früh auf, um sicher zu gehen, ob ich am

Abend zu müde war, mich ausgiebig zu kratzen, - und damit wenigstens ein paar Stunden Ruhe hatte.

***Nebelschwaden über den Dschungelbäumen***

***Essenszeit***

## Kapitel 8: Schlaflos im Dschungel

„… all the jungle ladies, all the jungle ladies, but your Maheties up
I walk up on the road road
Stepping on a toad toad
Ew, thats kinda gross

Chop down a tree tree
Axe in my knee knee
Well, it could be worse.

Getting up at four four
Crawling on the floor floor
cause I like to eat Antqueens...“

begleitet mich im Kopf Beyonces „Single ladies“, während ich auf dem Gewaltmarsch bin in Richtung Straße.

Na ja, Gewaltmarsch ist übertrieben. Inzwischen laufe ich diesen Weg sogar recht gern, ganz besonders, wenn ich Musik dabei habe, ohne antreibende Gesellschaft. Ich kann auf die Art fröhlich durch die Gegend rutschen, ohne gezwungen zu sein, mir Ausreden einfallen zu lassen. (z. B.: Mein Schnürsenkel war auf. Oder: Ich habe meine Laufschuhe nicht an.) Und weil es gerade wie aus Eimern gießt, liegt die Wahrscheinlichkeit, eine Rutschpartie hinzulegen, bei 98 %. Etwa die Hälfte des Weges ist geschafft, als in Begleitung deutschen „Gangster-Raps“ das Unvermeidliche geschieht: Beide Socken, einer nach dem anderen, rutschen unter meine Füße. Oh, wie ich das hasse! Ich kann und mag jetzt nicht stehen bleiben, um das Problem zu beheben, und darum sympathisiere ich eindeutig mit KIZ „boomboomboom, ich bring euch alle um.“ Besonders die Socken, die werde ich als erstes umbringen. Irgendwann erreiche ich mit zuckendem Auge die Straße und watschele megagenervt Richtung Puyo. In der Hoffnung, der Bus wird mich einsammeln, bevor ich völlig durchnässt bin. Stattdessen sammelt mich ein freundlicher Mitmensch in seinem 4x4 Geländewagen ein und kutschiert mich direkt in die Innenstadt Puyos. Es gelingt es mir sogar, so etwas wie eine angedeutete Unterhaltung zu führen. Die sieht so aus: Ich, freundlich lächelnd, nicke und schaffe manchmal sogar ein fröhliches „Si!“, „No!“ oder „Cool!“. Er ist, wenn ich richtig kapiere, Hubschrauberpilot? Oder hat wenigstens schon mal einen Hubschrauber gesehen. Beides ziemlich aufregend, finde ich. Fakt ist, er will weder meine Organe, noch meine Unschuld oder mein Geld!! Er will nur nett sein, - mehr davon, bitte!

In Puyo wie immer das schäbige Hotel, ein überteuertes Tetra-Pack Wein, eine ganze Menge Junkfood und die Überlastung des Internets durch stundenlange Whatsapp-Konversationen meinerseits.

Am Sonntag mache ich mich, wie immer, gegen 15 Uhr auf den Weg zur Bushaltestelle, um den 16 Uhr-Bus zu nehmen. Inzwischen kennen mich die Bediensteten, meine ich, - es gibt ja auch nicht allzu viele Weiße. Die Ticketverkäuferin fragt mich auf jeden Fall freundlich, ob sie mein Handykabel zum Laden bekommen könne. „Hmmm, ja, ok, dann bitte!“ Ich setze mich auf den Gartenstuhl am Rand und warte. Die Verkäuferin versucht, mich etwas zu fragen, was ich leider nicht verstehe. Ich setze stattdessen meinen fragenden Gesichtsausdruck auf und hoffe, ihr sei dies genug, um zu verstehen: „Sorry! Ich beherrsche noch immer kein Spanisch.“ Ist es nicht. Sie wiederholt die Frage, bloß langsamer und lauter. „No compredo espagnol. Yo ingles o allemagne, you can pick!“, versuche ich ihr ebenfalls laut und deutlich klar zu machen, worauf sie ihre Frage noch lauter wiederholt.

Man merke: Entgegen der allgemein anerkannten These, erhöhtes Volumen und gedrosseltes Tempo erweitere auch den Wortschatz des Gegenübers, kann ich nun mit Fug und Recht behaupten: Dem ist nicht so! Ich spreche ja nicht plötzlich Spanisch, nur weil man mich anschreit. Ich verstand nur etwas mit „animales“ und „tigres“. Schön und gut, ich bejahe und grinse dämlich. - Was soll ich auch anderes tun? Später erfahre ich von Jorno, sie habe einen Jaguar mit Jungen (tigres) in El Triunfu, dem Nachbardorf, gesehen, der im Dorf fleißig Rinder riss und die angeknabberten Kadaver einfach liegen ließ. Giftschlangen und Spinnen reichen ja nicht, setzt mir also noch einen tötungswütigen Jaguar vor die Tür!

Erst eine Minute vor 16 Uhr nehme ich – großzügiger weise - mein Ladekabel wieder in Empfang und sause zum Bus. Auch hier kennt man mich bereits, und auch hier tue ich alle Versuche einer Unterhaltung mit dümmlichem Grinsen und einem „Si, whatever!“ ab.

Am Center angekommen, bin ich allein. Daran soll sich wohl auch die ganze Nacht über nichts ändern. Jorno, der, wie ich über facebook dieses Wochenende lernte, eigentlich Jarno hieß, blieb in Puyo. Auch sonst scheint heute niemand mehr das Bedürfnis zu haben, mir Gesellschaft zu leisten.

Hm, ganz schön still, … so ganz alleine!

Es ist schon komisch, allein in dem Riesen-Volunteerhaus zu schlafen. Aber jetzt, ohne eine Menschenseele in Schreinähe? Doch mehr als ein wenig beunruhigend?

So lange es hell ist, kümmere ich mich um meine längst überfällige Wäsche.

Nur zur Information: Zum Wäschewaschen dient hier ein Schlauch mit Quellwasser, eine Steinplatte und `REI in der Tube´. Hygienisch rein wäre wahrscheinlich etwas anderes, aber wenigstens stinken die Klamotten nicht mehr. (Zum Gestank später genauer!) Nach Einbruch der Dunkelheit zünde ich mir in der Küche ein paar Kerzen an, lese mein Buch zu Ende und gehe anschließend mit einem mulmigen Gefühl schlafen. Hier erwähne ich es noch mal kurz: Cookie kriegt beinahe jede Nacht zwischen 0 Uhr und 3 Uhr seinen `Hasch mich!´ Stundenlang (Ich übertreibe nicht!) bellt er irgendetwas an. Schlaflos im Dschungel, … so viel dazu. - Blöder Köter!

***Luna und Dalton***

Der Montag ist super. Erstens: kein Jarno da! Also bereite ich mit Almando allein das Essen für die Tiere vor. Zweitens: Ich gebe mir selbst die Aufgabe, die Oben-Runde alleine zu machen. Kein Druck! Keiner, der einem auf die Finger schaut. Wider Erwarten sogar kein ausgebrochenes Tier. Drittens: Andrea erscheint pünktlich und kümmert sich um *Pascal*s Käfig. Es ist ein Traum! Denn viertens: Zum ersten Mal gönne ich sie mir, - wirklich. Von 12 bis 14 Uhr meine reguläre Mittagspause. Genauso, wie sie eigentlich vorgesehen ist. Danach zimmern wir ein paar Tische zusammen, was gemeinsam mit Andrea irgendwie Spaß macht. Wir füttern die Ozelots und den Margay, - und bumm, schon ist der Montag rum.

Nun sitze ich in der Küche und möchte dem Vorschlag meines Vaters nachkommen und euch einen kleinen Einblick in die kulinarische Vielfalt des Dschungellebens geben:

Folgendes finden wir regelmäßig in unserer Küche: Brokkoli, Blumenkohl, Eier, grüne Paprika, Zwiebeln, Kartoffeln, Tomaten, Karotten, Nudeln, Reis, Linsen, Mehl, Öl, Brot, Butter, Marmelade. Nur manchmal Mais, Pilze und Thunfisch. Zum Würzen gibt es Salz, Pfeffer, Oregano, Tonnen von Kümmel (Weiß der Teufel warum?), Maggi, Bratensoße (Macht ohne Fleisch besonders viel Sinn!), Mayonnaise, die eklig schmeckt. Kann ja nicht gesund sein, wenn sie sich wochenlang im Warmen aufhält.

Es gibt einen Gasherd, zerbeulte Töpfe und Pfannen, Plastikgeschirr, Besteck und ein paar Pfannenwender, - und natürlich keine elektrischen Küchengeräte. Damit wären wir schon am Ende der Liste, aber sein wir doch ehrlich: Was will man mehr?? Eben!!

Was ich allerdings als erschreckend mangelhaft empfinde, ist die Ausstattung des Erste-Hilfe-Schranks. Meine Reiseapotheke hat mehr zu bieten als dies klägliche Bisschen. Neben zurückgelassenem Moskitospray und Elektrolyten ist da lediglich ein wenig Verbandsmaterial - und Waschmittel. (Hier bitte keine Fragen! Ich habe es auch irgendwann aufgegeben.) Da hätte ich mitten im Dschungel (Der nächste Arzt ist unter zwei Stunden nicht erreichbar!) deutlich mehr erwartet. Vielleicht wenigstens eine Schere oder so. Nadel und Faden? Pinzetten? Sterile Geräte? Vielleicht eine örtliche Betäubung? Oder simple Pflaster? Na gut, im Ernstfall einfach mit der Machete amputieren! Braucht ja eh keiner zwei Arme. Dem lieben Gott, Allah, Zeus oder wem auch immer sei Dank, wenn ich die nächsten zwei Monate ohne nennenswerte Verletzungen überstehen darf.

Apropos zwei Monate … Da ich nun offiziell einen Monat geschafft habe, dachte ich, zur Feier des Tages lasse ich euch an meinem neuen ultimativen Hygieneplan teilhaben: Nach einem fehlgeschlagenen Versuch von `one outfit per week´ (Unterwäsche ausgenommen!), bei dem ich mich am letzten Tag beim Geruch meines T-Shirts fast übergeben hätte, bin ich nun bei `one point five outfit per week´. Die Hose ziehe ich also am Montagmorgen an und kann sie am Samstag nach der Arbeit einfach in der Ecke aufrecht stehen lassen. Schmutzstarrend sozusagen. Das T-Shirt wird zwischendurch ausgetauscht, wenn ich es irgendwann gar nicht mehr aushalte.

Die Gründe dafür sind offensichtlich. Egal, wie oft man sich umzieht, es dauert keine zehn Minuten und man stinkt ohnehin wieder nach Schweiß, nach Tieren, - nach Vogel-A-a. Lustig! `A-a´ habe ich noch nie ausgeschrieben.

Schreibt man das nun mit Bindestrich oder einfach Aa? Wo ist der Duden, wenn man einen braucht?

Mit \`stinken´ meine ich in meinem Fall, - und das gilt wahrscheinlich für jeden im Center, - wirklich stinken. Da denke ich zurück an meine Fitnessstudiozeit. Wenn ich nach Hause kam und mich mit den Worten „Ich stinke wie ein Tier!“ meiner Klamotten entledigt hatte und in die Dusche sprang, so hatte ich in Wahrheit keine Ahnung, was ich da sagte. Ich habe vorher nämlich nie gewusst, was stinken eigentlich bedeutet. Jetzt weiß ich es! Es ist zwar nicht schön, aber irgendwie und irgendwann gewöhnt man sich dran.

Genauso wenig hätte ich gedacht, wie gut eine (kalte!) Dusche am Abend tun kann und diese tatsächlich dazu dienen muss, echten Dreck abzuwaschen. Auch das Wort \`Dreck´ bekommt hier eine völlig neue Bedeutung: schlammverkrustet, schwarze Ränder unter den Fingernägeln (Nun gut, das bekomme ich irgendwie auch hin, wenn ich den ganzen Tag im Bett liege, - meine Fingernägel scheinen reine Dreckmagneten zu sein.) und klebrig von den Essensresten der Tiere. Manchmal wasche ich mir die Hände im Fischteich und komme mir danach sauber vor. Nach dem Duschen habe ich dann noch ein Übergangs-Outfit (Jogginghose und Sweatshirt-Jacke). Nicht, als ob ich ein Problem damit hätte, im Schlafanzug herumzulaufen. Aber ich knuddele dann doch noch mal mit den Welpen oder man kocht gemeinsam, und ich mag weder mit Essensgeruch noch mit Flöhen ins Bett steigen.

Duschen ist jedenfalls täglich angesagt, obwohl solche Dinge wie Rasieren, Eincremen oder ähnliche etwas aufwändigere Sachen sträflich auf der Strecke bleiben. Ich denke, ich lasse euch auch an diesen angenehmen Nebenhandlungen unseres Dschungellebens teilhaben. Kommen wir hierbei zu einem anderen, gesellschaftlich nicht gerade hoch angesehenen Thema, welches ich euch keinesfalls vorenthalten möchte: Das Klo! Ja, es tut mir leid. Keine Angst, ich habe nicht vor, Details zu nennen. Nur so viel: Hinter halb geöffneten Holztüren lässt es sich nun nicht gerade ungestört … sitzen. Für einen längeren Aufenthalt muss ich daher entweder solange warten, bis alle ausgeflogen sind oder ich in Puyo bin. Meistens läuft es auf Puyo hinaus. Für alle, die es noch nicht wissen: Klopapier darf hier nicht runtergespült werden, sondern wird in einen Eimer neben dem Klo entsorgt. Wenn ich also auf die Spuren meines Vorgängers im Mülleimer stoße, achte ich pikiert darauf, diese mit einem Blättchen Papier zu überdecken. Soll etwa jemand auf die Idee kommen, ich hätte so etwas hinterlassen? Spannend hier, sag ich euch!

Am Mittwoch wird gefischt, nicht für die Ozelots, sondern für die Menschen. Jarno und Almando binden sich ein großes Netz mit der Unterseite an die Fußgelenke, nehmen die Oberseite in die Hand und waten durch das brusthohe Wasser. Insgesamt verirren sich nach einer vollen Stunde Arbeit sechs Fische im Netz. Ich merke auf einmal, wie ich als Möchtegern-Tierfreund erstaunlich gnadenlos mit ansehen kann, wie die Fische erst bei lebendigem Leib entschuppt werden, nach und nach ersticken, aufgeschnitten und zu guter Letzt von ihren inneren Organen befreit werden. Selbst danach schnappen sie noch verzweifelt nach Luft und zucken im Eimer. Die Mühe würde ich mir ohne Organe nicht mehr machen, denn so rosig sah ihre Zukunft selbst bei gelungener Flucht in dem Zustand doch nicht aus. Ich entschuppe zwei von ihnen. Jarno hält mir sofort einen Vortrag, warum ich sie nicht vorher getötet hätte, denn ich würde sie jetzt bei lebendigem Leibe häuten, und das wäre schließlich nicht so nett. Darauf fällt mir keine passende Antwort ein, außer, Andrea hätte es so vorgemacht. Außerdem sei es vielleicht genau so wenig nett, jeden zweiten Tag 70 Fische in viel zu wenig Wasser langsam ersticken zu lassen. Genau das ist leider das traurige Schicksal des Ozelot-Futters.

Marcias Fischsuppe ist durchaus essbar, erinnert mich aber eher an aufgewärmtes Aquariumwasser.

Den Rest des Nachmittags bemale ich mal wieder Tonschalen, die sich dieses Mal sogar sehen lassen können. Dabei schneidet Marcia mir gnadenlos eine Haarsträhne ab, um daraus einen Pinsel zu machen. Dabei begnügt sie sich nicht mit den Spitzen, sondern setzt die Schere unter dem Haaransatz an … Manno!

***Die Tonschalen verkaufte die Familie auf einem Markt***

Mit dieser Familie bin ich inzwischen trotz problematischer Konversation irgendwie unerwartet warm geworden. Marcia sagt sogar zu Jarno: „Wenn Hanna geht, werde ich weinen und sehr traurig sein.“ Und das Schöne ist: Ich glaube ihr. Das ist so eine Sache mit `nonverbaler Kommunikation´. In den meisten Fällen ist sie ehrlicher als Worte. Marcia steht manchmal einfach vor mir und drückt mich herzlich, ohne ersichtlichen Grund, erkundigt sich bei Jarno nach mir und ist im Allgemeinen einfach sehr herzlich. Ich bin mir sicher, mit den nötigen Sprachkenntnissen wäre ich öfter bei ihr.

Zusammengefasst ist die Woche erstaunlich gut. So langsam habe ich das gute Gefühl, wirklich angekommen zu sein. Die abwechslungsreiche Arbeit macht Spaß, und die Tage vergehen inzwischen viel zu schnell. Auch mit Jarno komme ich immer besser klar. Inzwischen führen wir sogar Unterhaltungen, die über das Thema `Tiere´ hinausgehen, und verstehen uns insoweit ganz gut, obwohl unsere Ansichten zu vielen Dingen immer noch meilenweit voneinander entfernt liegen. Daran wird sich wohl kaum was ändern, aber das muss es ja auch nicht.

Zugegeben, vieles finde ich plötzlich einmalig schön. Hitze und Sonne kann ich inzwischen genießen, freue mich über jede frische Brise und lausche andächtig dem Regen. Ich liebe es, morgens mit meinem Kaffee die wilden Affen vor dem Fenster beim Toben zu beobachten und am Mittag mit einem Buch in der Hängematte zu liegen. Es macht mich zufrieden, das Ergebnis getaner Arbeit zu sehen, Unterstände zu reparieren, Brücken zu bauen, die Gehege auszubessern, um anschließend davon selbst zu profitieren oder zu sehen, wie sie den Tieren nutzen. Ich werde immer besser im Umgang mit der Machete und lerne wieder, wie früher mit meinem Vater, Dinge mit Hammer und Nagel zu reparieren oder gar selber zu erschaffen. Was ich schon viel zu lange nicht mehr getan habe. Und ich fange an, meine Umgebung aus einem anderen Blickwinkel zu sehen. Blätter werden Regenschirme, Steine zu Hämmern, Erde zu Farbe, und Nägel werden zum Stift. Für irgendwas ist alles gut und dann sogar für mehr. Es ist ein unheimlich befriedigendes Gefühl, abends um neun schon mit einem Buch im Bett zu liegen, die letzten Seiten mit der Taschenlampe zu lesen, um später bei den unendlich vielfältigen Geräuschen des Dschungels einzuschlafen und beim Aufgang der Sonne wieder aufzuwachen.

Dinge, die für mich vor Ecuador alltäglich waren, verlieren immer stärker an Bedeutung. Der eine Tag in der Woche, an dem ich eine kleine Prise Zivilisation schnuppern darf, reicht mir voll und ganz, selbst wenn ich den Komfort kaum mit westlichem Standard vergleichen kann. Ich brauche schon länger kein Fernsehen. Ein gutes Buch ist mehr als genug. Auch wenn ich mir am Wochenende ein Weinchen gönne, so vermisse ich während der Woche das Glas Sekt am Abend überhaupt nicht. Ich brauche nicht mal das Internet, um lange Wartezeiten zu verschönen. Meine Gedankenwelt ist Unterhaltung genug. Irgendwie scheint alles auf einmal zu passen. So gut fühlt sich das an. Unheimlich gut. Endlich! Endlich bin ich angekommen!

*Luna und ich in  der Hängematte*

*Die Schönheit der unberührten Natur*

## Kapitel 9: Night out in Puyo

Meine erste `Night out´ in Puyo ist nicht zwangsläufig wiederholungsbedürftig. Spontan überredet Jarno mich, mit ihm und David (einem seiner ecuadorianischen Kumpel) auf ein Bier in Puyos `Barviertel´ zu gehen, und da David sein Englisch verbessern wolle, sei das auch kein Problem. David verbessert aber weder sein Englisch, noch habe ich den Drang, mein Spanisch mit ihm zu üben. Dies rührt nicht zuletzt daher, dass Jarno uns permanent dazu aufforderte. Eine erzwungene Konversation liegt keinem von uns besonders. Ich trotte also wieder mal schweigend hinter den beiden her, während David irgendetwas von „Cerveca“ (Bier) redet. „Hast du das verstanden?“, fragt mich Jarno.

„Ich habe nur Bier gehört, das einzig Wichtige“, gebe ich halb im Scherz zur Antwort und werde daraufhin prompt von meinem 24-jährigen Compagnon gemaßregelt: „So eine Aussage sollte man mit 28 nicht treffen! So was sagt man, wenn man 18 ist, aber nicht mit 28!“ Gefolgt von einem Blick, als sei ich frisch aus einer Irrenanstalt entlaufen und würde gerade versuchen, mich mit einem Messer im Mund meiner Zwangsweste zu entledigen. „Na ja, vielleicht bin ich im Kopf noch 18?“, erwidere ich zähneknirschend, weil mir nichts Besseres einfällt. Danach halte ich mal besser die Klappe.

Nach einigem Hin und Her finde ich mich in irgendeiner Discothek wieder, doch ich habe weder das richtige Level, noch die richtige Gesellschaft, um hier wirklich Spaß zu haben. Ich tanze zu spanischer Musik vor mich hin, doch irgendwie will sich mein Po den Rhythmen nicht so richtig anpassen. Mein jahrelang geübter Ausdruckstanz gerät hier an seine Grenzen. Zwischendurch gehen wir mal auf den Balkon zum Luftschnappen.

Von drinnen winkt mir ein Herr freundlich zu. Ich winke zurück. Kurze Zeit später winkt er wieder, und ich winke lächelnd mit beiden Händen zurück, worauf gleich wieder die Maßregelung meines niederländischen Begleiters folgt: „Das war aber nicht nett, zu gestikulieren, er soll sich verpissen. Er war doch nur nett!“ - „Ich habe ihm zugewinkt, mit beiden Händen, und dazu gelächelt!“ - „Sah aber nicht so aus, Du musst auf deine Gesten achten!“

Am liebsten würde ich ihm mit dem nackten Hintern ins Gesicht springen. Mir liegen etwa eine Milliarde Worte im Mund, die ich ihm in diesem Moment an den Kopf knallen möchte, doch ich schweige.

Ja, ich weiß, was ihr jetzt denkt: Die, die immer das letzte Wort hat, sagt jetzt nichts dazu ... keine Diskussion! ... keine Rechenschaft ...! Nein, das habe ich im letzten Monat aufgegeben, denn Jarno hat nicht nur die Weisheit mit Löffeln gefressen. Nein, er hat auch die Welt in all ihrer Komplexität durchschaut, - ach, was rede ich: das ganze Universum. Ich habe das unendliche Glück, drei Monate mit einem gottgleichen Wesen zu verbringen, das mir endlich zeigt, wie man sich im Leben zu verhalten hat. Danke dafür!

Ich habe den seltsamen Drang nach einer Zigarette, komme ihm aber nicht nach. Als Nichtraucher wirkt dieses Verlangen schon ein wenig eigenartig Ich schiebe es darauf, dass dieses Bedürfnis nicht unbedingt einer Zigarette gilt, sondern dem Wunsch, den Glimmstängel in diversen Augen auszudrücken. Dabei bemerke ich, wie das Meine wieder unkontrolliert zuckt, und wende mich ab, bevor das jemand bemerkt. Irgendwann werden sich die Unmengen heruntergeschluckter Argumente zusammenschließen, - und es wird etwas Fürchterliches passieren. Vielleicht explodiert mein Augapfel, oder ich werde ein Magengeschwür bekommen.

Auch das Publikum entspricht in keiner Weise dem, was ich erhofft habe. Viele Mädchen mit zu viel Fleisch für zu wenig Stoff, zu viele Kerle mit zu viel Selbstbewusstsein für zu wenig Penis! Aber bei dieser Menge Selbstbewusstsein müssten schon zwei kindskopfgroße Eier samt Feuerwehrschlauch zwischen den Beinen baumeln, und das würde sich durch die Hose abzeichnen!

Viel zu wenig Charme bei zu vielen Menschen und viel zu wenig Alkohol für eine viel zu nüchterne Hanna.

Um zwei Uhr liege ich im Bett. Stocknüchtern und megaenttäuscht. Wenn das Puyo sein soll, dann bevorzuge ich doch mein stinkendes Hotelzimmer, Internet, Chips und ein Tetra-Pack Wein.

Am Sonntag bin ich wieder allein im Center, und auch am Montag erscheinen weder Andrea noch Jarno. Ich bin also wieder für die Oben-Runde verantwortlich, was sich dieses Mal als absoluter Spießrutenlauf entpuppt.

Die Vögel haben seit dem letzten Donnerstag keinen Mais mehr bekommen und sind dementsprechend mit ihrem Ernährungsplan irgendwie unzufrieden. Für mich erschwerend: Ihre Portionen kann oder will ich leider immer noch nicht richtig einschätzen. Den einen gebe ich immer mal wieder etwas weniger als den anderen. Gewöhnlich sind nämlich meiner Meinung nach immer zu viele Essensreste am folgenden Tag auf den Plattformen. Die Viecher können doch auch mal lernen, aufzufressen.

Ach so, zurück zum Spießrutenlauf: Gleich im ersten Vogelkäfig habe ich Probleme, den überhaupt sauberzumachen. Zwei Vögel liefern sich auf meinem Kopf einen erbitterten Kampf um mein Zopfgummi. Ein weiterer hält es für eine gute Idee, meinen Arm als Kletterwand zu benutzen, ein dritter hält sich an der Hose fest. Ein vierter am Rücken. So ähnlich müssen sich Disney-Prinzessinnen fühlen. *Pascal*s Käfig toppt dann alles! Es dauert geschlagene zehn Minuten, bis ich überhaupt reinkomme, weil ständig irgend so ein dummer Vogel den Eingang blockiert. Einmal drinnen, bereue ich das sofort. Ich ergreife einen Stock, um gleich die erste Bestie aufzuhalten, die direkt auf mein Gesicht zusteuert. Es folgen quälend lange Minuten, in denen ich versuche, die Essensreste zu beseitigen, ohne *Pascal* oder einem anderen Vogel zum Opfer zu fallen. Es gelingt mir nur, die ersten beiden Plattformen zu reinigen, dann resigniere ich. Als ich den Eimer mit dem Fressen reinhole, ist alles vorbei. Ungeschickt kippe ich drei Viertel des Eimers auf die erste, den Rest auf die zweite Plattform, während von allen Seiten Vogelgeschrei und Flügelschlagen auf mich ein hageln. Ich muss schleunigst Land gewinnen! Diese Vögel sind der reinste Horror. Man verbinde „Chucky, die Mörderpuppe“ (denn ganz ähnlich klingt *Pascal*, wenn er redet oder lacht), „die Vögel“ und „Sharknado“. Dann bekommt man einen gewissen Eindruck von der Arbeit in diesem Käfig.

Den Rest des Tages arbeite ich mit Almando im Quarantänekäfig. Ein Käfig, den die Familie abseits der anderen erbaut hat. Er besteht nicht, wie die anderen Gehege, aus Zaun, sondern aus soliden Backsteinen. Die obere Etage hat bisher nur ein Dach. Unsere Aufgabe ist es daher, aus Holzbrettern die Wände zu zimmern. Die Sprachbarrieren überbrücken wir mit Zeichen oder Schweigen. Abends erscheint er zum Essen im Center. Er hat so etwas angedeutet, aber ich hoffte, es missverstanden zu haben. Ich habe mir eine `Brokkoli-Creme-Suppe´ gemacht. Keine Ahnung, ob ihm die schmeckt. Vor allem, ob sie für seinen Männer-Hunger ausreicht. That´s life!

Am Dienstag ist Jarno wieder da. Ich bin bereits fertig mit der Vogelrunde, die dieses Mal ein wenig entspannter verläuft. Ich erzähle ihm ein wenig vom Vortag, und er scheint recht interessiert. Nach dem Lunch beschließt er, meine Pause zu streichen und nach dem Grashüpferfangen einen kleinen Junglewalk zu machen. Ich ergebe mich in mein Schicksal, mache ihm aber deutlich, ich würde es für wichtiger halten, Almando und Marcia zu helfen, statt im Dschungel rumzuspringen. Da er mir trotzdem keine Wahl lässt, gebe ich mir gar nicht erst Mühe, super motiviert zu wirken.

Wir balancieren wieder auf den Rohren entlang, die wir bereits bei meinem ersten `Spaziergang´ überquert haben. Durch die große Hitze ist kaum noch Feuchtigkeit an den Sohlen meiner Gummistiefel, die beginnen, an der runden Oberfläche abzurutschen. Statt Jarnos Aufforderung „Run!“ nachzukommen, gebe ich lieber auf und steige hinunter, sobald sich die Möglichkeit ergibt. Abenteuerdrang hin oder her, … ich brauche keine großartigen körperlichen Leistungen und Todesangst, um mich lebendig zu fühlen. In erster Linie muss ich überhaupt einfach mal lebendig sein, um mich lebendig zu fühlen. Dazu gehört für mich der Herzschlag, Sauerstoff-Zufuhr und mein Bewusstsein.

Für alle, die mich wegen meiner geringen Risikobereitschaft kritisieren möchten, - tut es, - gerne. Ich möchte euch nur bitten: Stellt euch am besten vor, in meiner Lage zu sein. Es ist etwas völlig anderes, in einem Panzerglaszylinder mit Krokodilen zu schwimmen oder geführte Bergtouren mitzumachen, als hier wie in der verkleinerten Version von Indiana Jones durch die Pampa zu stolpern. Rettungshubschrauber kommen hier sicher nicht vorbei, und ich werde auch niemanden auf Schmerzensgeld verklagen können, wenn etwas schiefgeht. Es freut euch vielleicht zu hören: Auch dieses Mal läuft wieder alles glatt.

Wir erreichen wohlbehalten das Haus der Familie, und Marcia klärt uns auf über den Plan für die nächsten Tage: Das Center reinigen, GRUNDREINIGEN!

Jeden Raum, jeden Tisch, jede Bank ... ALLES! Für diese Aufgabe brauchen wir den ganzen Tag, den Dienstag und den Mittwoch. Es sieht folgendermaßen aus: Ein Wasserschlauch, drei Besen, vier Häuser. Der Boden wird so lange mit den Besen bearbeitet, bis die 15 verschiedenen Dreckschichten entweder durch die Rillen gesickert oder nach draußen gekehrt und geschwemmt sind. Viel Arbeit, das Ergebnis befriedigend, die Schwielen an meinen Händen mit dem Grand Canyon vergleichbar. Überhaupt sind meine Hände seit einiger Zeit mit kleinen Furchen übersäht. Die Fingerkuppen bilden kleine Widerhaken, die sich am allerliebsten in meinem Handtuch verfangen. Vielleicht liegt das aber auch überhaupt nicht an der ungewohnten Arbeit. Vielleicht hat mich tatsächlich eine tropische Spinne gebissen, und dies sind nur die Anfänge einer tollen „Spiderwoman"-Karriere. Bald brauche ich keine Kontaktlinsen mehr, kann steile Wände erklimmen und Netze schießen ... Das wird ein Spaß!!!

Die Nächte hier jedoch machen mich fast wahnsinnig. Meistens werden sie von schier endlosem Hundegebell so gut wie dauerhaft unterbrochen. Mein dabei ansteigender Adrenalinspiegel macht das Weiterschlafen nicht gerade zu einer einfachen Übung. Nicht selten hole ich mir gegen drei, völlig genervt, mein Buch hervor, um dann so gegen fünf von Müdigkeit dahingerafft zu werden - und um sechs den Wecker zu hören. So sehr, wie ich tagsüber diese kleinen Tölen liebe, so sehr verabscheue ich sie mitten in der Nacht.

Die einzigen Nächte, in denen die Hunde es vorziehen, ihre Schnauzen zu halten, sind die, in denen es regnet. Das ist dann kein entspannender Dschungelregen, sondern es werden ausgeprägte Schauer, nicht selten von Donnerschlägen begleitet, die ihresgleichen suchen. Die Tatsache, dass es keinen Blitzableiter gibt, beruhigt mich in meiner Blechdachunterkunft nur wenig. Auch Ohrenstöpsel helfen so gut wie gar nicht gegen die nächtlichen Ruhestörungen. Ich übertreibe nicht: Seit meiner ersten Nacht hier durfte ich nicht ein einziges Mal durchschlafen. Das zehrt wirklich an den Nerven. Gewaltfantasien und Abbruchgedanken begleiten regelmäßig meine schlaflosen Stunden und sind erst vergessen, wenn ich am Frühstückstisch sitze.

Der Donnerstag beginnt an den Vogelkäfigen. Hier danke ich täglich meiner Mutter, die mir vor meiner Reise robuste Handschuhe besorgte. Ich schlüpfe also, bevor es losgeht, in meine durchnässten Gummiteile und fühle mich damit sicherer.

Zunächst einmal schützen sie mich davor, dass die unzähligen kleinen Schnitte an meinen Händen mit dem Vogelkot in Berührung kommen, und schwächen außerdem die Bisse ab. *Pascal* hatte es trotz der Handschuhe geschafft, zwei tiefe Löcher in meinen Zeigefinger zu beißen. Ohne diese Handschuhe müssten die Wunden wohl genäht werden. Ich erwähne also auch vor Jarno, wie dankbar ich für diesen Kauf sei. Seine Antwort ist - schlichtweg unpassend: „Du hast die ja doch nur an, damit du deine Fingernägel nicht schmutzig machst." - „Meine Fingernägel sind mir egal!" - „Jedes Mädchen achtet auf seine Fingernägel."

Ja, verdammt, genau deswegen habe ich sie ja an! Genau aus diesem verflixten Grund bin ich auch im Dschungel. Ich wurde nämlich bei dem Praktikum zur Nageldesignerin abgelehnt. Deswegen achte ich ja auch so extrem auf meine Nägel. Man nennt mich zu Hause nur noch `die Nagelfeile´, weil ich jeden Moment meine Nägel begutachte und pflege. Das ist meine Erfüllung im Leben: meine BEHINDERTEN Fingernägel! Als nächstes werde ich mir einen Chihuahua auf die Nägel zeichnen lassen, und selbst der wird lackierte Krallen haben. Meine Nägel sind natürlich erst recht nicht bis an die Haut abgeraspelt. NEIN, die waren vor kurzem noch so unerhört lang, da hatte ich Probleme, mir den Hintern abzuwischen, ohne das Toilettenwasser zu berühren.

„Wenn du das sagst!" Ich bin heilfroh, hinter ihm zu laufen. Andernfalls müsste er vielleicht sehen, wie mir der gedankliche Sarkasmus als schwarzes Motoröl zusammen mit dem Schweiß aus den Poren trieft und mein Gesicht verschmiert. Ich bin mir sicher, meine Gedanken müssen sich, irgendwie sichtbar, einen Weg aus meinem Körper bahnen. Irgendwo müssen sie ja hin, oder? Sie können doch nicht weiter in meinem Kopf herumirren und mein positives Gemüt belagern ... Anscheinend tun sie das aber doch, denn ich erwische mich immer öfter dabei, wie ich manchmal harmlose Kommentare seinerseits mit einem Schwall aus bitteren Gedanken bestrafe. Meine innerlichen Monologe enthalten Flüche, die schwarz auf weiß lieber nicht festgehalten werden sollen.

Was ich also bloß in meinem Kopf austrage, lässt mein Boss gerne auch mal raushängen. So setzt er mir einmal an einem Vormittag eine leblose Tarantel auf die Schulter. Ich erschrecke mich im ersten Moment natürlich. (Nein, ich verfalle nicht in lautes Kreischen und springe wild dabei herum!) Ich zucke kurz und bitte ihn, sie zu entfernen. Mein Zucken rechtfertige ich damit, ich habe einen geringen Drang, von einer Tarantel ins Gesicht gebissen zu werden. Woraufhin er nur erwidert: „Ein bisschen hässlicher macht bei dir auch nichts mehr aus!"

Ich fühle mich tatsächlich ziemlich auf den Schlips getreten und schweige mal wieder einfach nur. Vielleicht ahnt Jarno, wie er eben die empfindliche Grenze zwischen Witz und Beleidigung übertreten hat. Er sagt lange Zeit kein Wort. Irgendwann sucht er betont beiläufig wieder das Gespräch, und ich beschließe, es dabei zu lassen. Es ist nicht wert, ausdiskutiert zu werden. Und er ist es nicht wert, (Ich komme um die deutliche Ausdrucksform nicht herum!) einen Scheiß darauf zu geben!

Ich antworte also mit einem Lächeln, welches über meine Mundwinkel nicht hinausreicht, und weiß, jeder, der auch nur das geringste Interesse an seinem Gegenüber hat, müsste dieses Lächeln sofort als falsch erkennen. Jarno genügt es aber anscheinend, und so gehen wir weiter unserer Arbeit nach. Schweigend, versteht sich!

## Regengedanken vol. 3: Der Dschungel und der Rest der Welt

Wer war noch mal dieser Donald Trump? War das nicht jener Kerl, der sich über Nichtigkeiten maßlos aufregt, der seine Neffen zwingt, eine volle Packung Zigaretten auf einmal aufzurauchen. Der in aller Öffentlichkeit ohne Hosen herum läuft??? Nein! Warte! Das ist doch Donald Duck. Entschuldigung, aber der Mann muss eine schwere Kindheit hinter sich haben, wenn er seinen Namen mit einer so bekannten Zeichentrickfigur teilt. Wahrscheinlich mochten ihn seine Eltern damals auch nicht besonders gerne??

Und wer war da noch? Ach ja, die gute Hillary ...

Präsidentschaftskandidaten in den USA! Oder ist da etwa einer von ihnen inzwischen Präsident/in?? Ist der gute Obama längst aus dem Weißen Haus ausgezogen? Und überhaupt, irgendwo wieder mal ein bisschen Terror? Hier habe ich noch keine Palme gesehen, in der Nationalflagge eines terrorgeplagten Landes festlich angestrahlt, wie es die Monumente unserer Hauptstädte gerne tun. Hat der IS noch mal gezeigt, wie cool die sind? Und in der Türkei? Hat da Hitler Nr. 2 schon längst Gaskammern bauen lassen?

Und Erdbeben? Ach ja, - vielleicht in Ecuador?

Ich bekomme hier ja nichts mit!

Und das meine ich ernst. Ja, klar, ich weiß von meiner Mutter den neuesten Klatsch und Tratsch in Wellingerode. Von meinem Freund und meinen Freunden Details über alte und neue Liebeleien, von der einen oder anderen Whatsapp-Pausenzeit am Samstagabend vielleicht sogar ein Schwangerschaftsgerücht eines D-Promis ... Natürlich könnte ich mich im Internet über alles Weitere informieren. Irgendwie steht dies nicht auf meiner Agenda.

Die Welt scheint still zu stehen, da, wo ich bin. Es geht mir nicht einmal in den Kopf, wie bald schon Oktober sein soll, - Monate, Tage, das alles verliert an Bedeutung. Folge ich hier Gesprächen mit meinem gebrochenen Spanisch, so höre ich nicht heraus, ob die Welt hinter Puyo noch weitergeht. Es geht um das Wetter, wie heiß es ist, wie viel es geregnet hat, wie kühl es geworden ist. Es geht um die Pflanzen:

Papayas müssen geerntet werden. Dieses Gras kann man als Insektenschutz verwenden. Diese Bananen heißen so und jene so ... Es geht vor allem um die Tiere: Dem Zungo Zungo scheint es besser zu gehen. Letzte Nacht flogen die Ameisen aus, und die Schildkröten sind mal wieder ausgebrochen. Aber geht es um Globales? Wird die Weltpolitik diskutiert?? Findet die Angst vor dem Terror ihren Weg in den Dschungel? Ja, findet der Dschungel selbst - (nämlich die Gefahr, bei weiterer Abholzung des Regenwalds in dieser bisherigen Geschwindigkeit wird dieser Regenwald bald eher einer ausgedörrten Wüste gleichen.) - seinen Weg in den Dschungel? Ich denke nicht. Was spielt denn überhaupt eine Rolle? Wie weit denkt man voraus?

Mich beschleicht das dumpfe Gefühl, in einer Blase zu leben, die nicht nur den Raum, sondern auch die Zeit begrenzt. Alles das, was über den morgigen Tag hinausgeht, ist vage Spekulation. Während der Rest der Welt montags bereits den Plan für die nächste Woche, am Monatsanfang das grobe Strickmuster für die anstehenden 30 Tage, zu Beginn des Jahres eine Jahresübersicht anfertigt, können wir hier nicht einmal weiter als 24 Stunden vorausschauen. Und selbst dabei ergeben sich immer noch diverse Probleme und Abweichungen.

Die kleine Blase besteht erst einmal aus zwei Quadratkilometern, - vom neuen Center zum jetzigen Center, plus die umliegenden Gehege. In der Blase gibt es keine Möglichkeit, mit umliegenden Blasen in Kontakt zu treten. Außerdem besteht diese Blase aus einer milchigen Seife, die dafür sorgt, dass alles außerhalb zu dumpfen Schatten und schemenhaften Figuren wird. Nur alles innerhalb dieser Blase ist klar und von Interesse. Zudem wuselt das Bläschen anscheinend unkontrolliert durch den Orbit, und wir können nie erahnen, wann es eventuell irgendwo andockt oder sich kurzzeitig mit einer anderen Blase verbindet. Vielleicht die Fahrtrichtung ändert, - oder, oder, oder, ... Was es noch unmöglicher macht, an die Zukunft zu denken oder die gar zu planen.

Kurzum, das Leben verläuft hier ausgesprochen gradlinig. Aber was daran ist denn so falsch? Siehe da, mein Herz pocht auch noch, obwohl ich nicht weiß, was am Montag wieder auf mich zukommen wird. Und die Welt scheint sich weiterzudrehen, ohne dass ich weiß, was Gina Lisa für eine Körbchengröße hat. - Erstaunlich!

Meine Nackenhaare stellen sich auf, wenn ich daran denke, mit was für einer gequirlten (Da haben wir es schon wieder!) Scheiße ich mein armes Gehirn tagtäglich mal belastet habe. Himmelherrgott, es spricht ja nichts gegen die Tagesschau und globales Interesse, aber RTL? Anstatt vor meiner eigenen Haustür zu fegen, sah ich mir „Frauentausch“ an, wo noch nicht einmal diese Glucken vor ihrer eigenen Haustür, sondern vor der von der Tauschmutter fegten. Während ich also nicht fegte, sah ich andern beim Fremdfegen zu! Aber ich hatte das Gefühl, es täte mir gut. Ich konnte abschalten dabei und war auf wundersame Weise anscheinend unterhalten ...War es das also? Konnten Weitsicht und ein zu großer Horizont (damit meine ich nicht zwangsläufig und selbstüberschätzend mich, sondern die Gesellschaft an sich) den Wunsch nach hirnzellenvernichtender, stupider Unterhaltung wecken? Betäubte man damit (und/oder einem Glas Sekt/Gin/Wein o.ä.) die Sorgen, die ein global denkendes, vorausschauendes Wesen belasten? Vielleicht die Bedenken vor dem Meeting nächste Woche? Das mulmige Gefühl, wenn die Monumente der Hauptstädte wieder in den Farben des Nachbarlandes angestrahlt wurden, um die Solidarität gegen den Terror zu symbolisieren? Die Angst, selber irgendwann betroffen zu sein? Die Fragen nach einer ungewissen Zukunft? War RTL unser `Urlaub fürs Gehirn´?

Wirken die Menschen hier deswegen so ausgeglichen, weil es ausschließlich ihre eigenen Probleme sind, um die sie sich scheren? Und das auch erst dann, wenn diese auftreten oder unvermeidbar sind, anstatt sich Wochen voraus schon über das „Was wäre, wenn ...?“ den Kopf zu zerbrechen? Man kann schließlich in keinster Weise behaupten, die Menschen im Dschungel wären dumm. Ihre Prioritäten sind einfach anders gesteckt.

Mir ist trauriger weise bewusst: Trotz dieser Erkenntnis, - im Alltag werde ich wieder in mein altes Schema zurückfallen. Sowohl in die gesellschaftlich vorgeschriebene Vorausplanung, als auch in meine abendlichen `Gehirnurlaube´. Vielleicht nicht allzu oft, aber an und ab werde ich „Bauer sucht Frau“ danken, weil ich mit einigen Gehirnzellen mehr gesegnet wurde als seine `Opfer´.

(Regengedanken Ende)

Am Freitag sonnt sich eine tödliche Viper auf dem Weg zwischen den Gehegen, und wäre Jarno nicht vorangegangen, ich hätte sie nicht gesehen. Das erinnert mich wieder daran, wie gefährlich der Dschungel für Dumpfbacken wie mich eigentlich ist. Es fällt mir immer schwerer, entspannt durch meine Umwelt zu gehen, und ich bin mehr als versucht, mein Testament aufzusetzen. Irgendwie war oder bin ich der festen Überzeugung, das hier kann einfach nicht gut gehen ... Irgendetwas wird passieren, und ich hoffe inständig, es wird nicht tödlich enden ... Falls doch, na ja, das Übliche eben:

Ich liebe euch alle, danke für alles, auf meiner Beerdigung kein Schwarz! (Das ist meine Farbe!) Stattdessen bunte Luftballons. Ein cooler Spruch auf dem Grabstein. Vielleicht ein Foto, worauf ich betrunken bin? Vor allem keine Blumen, - die konnte ich schon zu Lebzeiten nicht brauchen, - brauch ich nach dem Tod erst recht nicht!!

Wer zuerst heult, der verliert und muss einen `Kurzen´ trinken. Überhaupt müsst ihr ziemlich viel trinken. Ach, und falls ich nicht verbrannt werde, beerdigt mich mit einer halben Flasche `Jack Daniels´ und ritzt irgendetwas in den Sargdeckel. Wer immer mich dann irgendwann auch ausbuddelt, wird Augen machen!

Mein Geld wird nicht gespendet! Feiert eine Party oder so. Und ladet mir Obama ein, keine Ahnung, warum? Will nur mal sehen, ob der kommt. Ich will eine Rede, am besten gereimt von Moni und Natalia, bei denen sich Brot auf Baum reimt, so lange man es richtig betont. Aber da ich selbst zu meiner Überraschungsparty meine eigne Rede halten muss, werde ich wohl auch hier noch mal aus dem Grab steigen müssen.

Hoffen wir einfach trotzdem, ich werde es vielleicht doch lebend aus diesem Dschungel schaffen??

Zum Schluss noch ein kleiner lyrischer Erguss. Ich weiß zwar nicht, ob er geschrieben so rüberkommt wie vorgelesen, aber da müsst ihr durch.

Es ist nichts Besonderes, sagte ich zu mir,
nichts weiter, denn ich sitz nur hier,
in einer Hängematte, ganz entspannt,
mit zwei Welpen und einem Buch in der Hand.

Doch lese ich die Zeilen nicht.
Sie sind sehr spannend sicherlich.
Die Sonne geht unter und taucht mein Gesicht
in warmes glänzend goldenes Licht.

Und mitten im Grün gesteh ich mir ein:
So muss der perfekte Moment nur sein.
Ich will einen Hammer, jetzt und sofort,
will diese Aussicht und diesen Ort
in all seiner Komplexität
herausschlagen aus der Realität!
Will ihn komprimieren,
er soll in eine Streichholzschachtel passen
und dabei nicht ein Detail auslassen.
Nicht eine Ameise, nicht einen Stein,
nicht einen Baum oder Sandkorn so fein.
Ich will die Sonne und lange Schatten,
will ihre Wärme, will Hängematten,
den Atem der Hunde auf meinem Bauch,
den Geruch des Dschungels, den will ich auch!
Das Gefühl von Schweiß und Dreck auf der Haut

und das Geschrei der Vögel, sei es noch so laut!
Ich will das alles, es soll mir gehören,
und sollte mich später irgendwas stören,
dann nehm ich die Schachtel und tauche hinein,
und wieder wird alles so perfekt sein!

Dann kann ich es euch zeigen, ich nehme euch mit,
wir tauchen hier ein, ich zeige euch jeden Schritt,
und leben mein Leben ganz kurz mal gemeinsam,
denn ohne euch fühl ich mich doch einsam.
Und sollte uns jemand nach dem Moment fragen,
dann kann ich mich umdrehen und „Weißt du noch?" sagen.

Die Sonne verschwand und auch der Moment.
Ich denke mal: „All good things come to an end!"
Ich konnte ihn nicht halten, ihn mit niemandem teilen
und schreib ich noch so viele Zeilen.
Am Ende bin ich allein, und sollte mich jemand fragen,
dann kann ich zu niemandem „Weißt du noch?" sagen.

***Ein neugieriger, wildlebender Totenkopfaffe***

## Kapitel 10: Leonie

Wie jede Woche am Samstag spaziere ich, auf den 12-Uhr-Bus wartend, an der Seite der Straße entlang. Ich habe schon ein Stückchen hinter mich gebracht, und die Uhr zeigt mir an: 12 Uhr liegt schon 10 Minuten zurück. Ich beschließe, mich an den Straßenrand zu setzen und meinen müden Schultern (Der Rucksack ist schwer!) eine Pause zu gönnen. Ich beobachte einige wuselnde Kaulquappen in einer Pfütze und werde von einem Hupen aus meinen Gedanken gerissen. Reflexartig hebe ich meinen Arm, und im selben Moment kommt ein alter Pickup neben mir zum Stehen. In der Fahrerkabine ein etwas übergewichtiger Mann mittleren Alters und ein Herr, dessen graues Haar und faltiges Gesicht mich auf etwa 65 tippen lässt. Auf der Ladefläche zwei weitere, etwa Mitte 40-jährige Männer in Arbeitskleidung und festen Schuhen. Sie fragen mich etwas, und ich schlussfolgere, das soll ein Angebot zum Mitfahren sein. Dankend werfe ich meinen Rucksack auf die Ladefläche und klettere hinauf. Kaum bin ich oben, erfasst mich auch schon der Fahrtwind, und der Fahrer beschleunigt rasch. Halb kriechend begebe ich mich in die vorderste Ecke und behalte meine Begleitung im Blick ... Ich fühle mich nicht unsicher und zweifele auch nicht an der Gutmütigkeit der vier Herren. Trotzdem schlage ich die Zeit tot, indem ich mir ausmale, was ich bei einem Übergriff tun werde. Ein Holzstück als Wurfgeschoss, ein gezielter Tritt vor den Solarplexus, der Sturz von der Ladefläche, so setze ich auf jeden Fall einen von ihnen außer Gefecht. Nr. 2 werde ich mit Macht dahin treten, wo es wehtut, und dann bei stehendem Wagen die Flucht ergreifen. Schneller als der Fahrer und sein Begleiter wäre ich allemal. Soll ich den Rucksack dalassen?

Oder kann ihn schnell genug aufsetzen? Ich wiege das Stück Holz prüfend in meiner Hand hin und her und bemerke erst spät den interessierten Blick von einem der Männer, der wahrscheinlich annimmt, ich hätte noch nie in meinem Leben ein Stück Holz gesehen. Er erklärt mir etwas, ich „besite" (Mein neues Wort, wenn ich zu allem nur „Si!" sage, weil ich sowieso nichts verstehe.) und sieht noch einmal beeindruckt auf das Holz. Meine Güte, die guten Menschen werden heute nach Hause kommen und ihren Frauen und Kindern am Abendbrottisch erzählen, sie hätten eine komplett zurückgebliebene Blondine aufgegabelt, und alles, was man sich in der westlichen Welt über Blondinen erzählte, müsse wohl stimmen.

Die vier Herren erweisen sich als ehrwürdige Ecuadorianer, von denen schon wieder keiner meine Organe haben will. (Was, zum Teufel, ist falsch mit meinen Organen?) Ich finde es dann im Laufe der Fahrt heraus: Unser Fahrer verdient sich auf diese Weise das nötige Benzingeld. Er hupt nämlich allen Menschen am Straßenrand zu, nimmt auch noch eine Frau ein paar Kilometer mit, die ihm danach 50 Cent zusteckt. Ich gebe ihm großzügig zwei Dollar. Der Bus wäre günstiger gewesen, aber dafür auch wesentlich weniger aufregend.

In Puyo herrscht anscheinend Hormonüberschuss: ein Kussmund hier, ein Winken da, hochgezogene Augenbrauen, während ich mir meinen Weg ins Hotel bahne. Dabei sehe ich aus wie `Karl Arsch´, ohne MAKE UP, meine Haut eine Kraterlandschaft, von der sich der Mond noch eine Scheibe abschneiden kann. Die Haare vom Fahrtwind in eine unmögliche Position geblasen, dreckige Jeans-Shorts Ich bin auf dem Weg nach oben wieder mal ausgerutscht. und schlabberiges T-Shirt. Wahrscheinlich ist aber meine

Haarfarbe genug. Vor meinem Hotelzimmer werde ich von einem jungen Mann gefragt, ob ich mit ihm Essen gehen wolle, und er drängt mir noch eine halbe Stunde ein Gespräch auf, das nur mit Google-Translator möglich war und anders wahrscheinlich keine fünf Minuten gedauert hätte. Ich bin ja nicht abgeneigt gegen kulturellen Austausch, aber ich hattc in der Woche genug bilinguale Gespräche. Wenigsten 24 Stunden in der Woche möchte ich mir keine Gedanken machen, wie ich dieses oder jenes Wort übersetzen soll. Ich wimmle ihn ab, indem ich ein wichtiges Telefongespräch vortäusche.

Am Sonntagnachmittag vor der Bushaltestelle meint dann ein alter Herr mit fünf Zähnen, er müsse mir seine Lebensgeschichte erzählen. Ich halte gebührend Abstand, doch er hält es auch noch für eine gute Idee, mich umarmen zu müssen. Sofort versteife ich mich, sichere mit meinen Händen meine Bauchtasche und die Jackentasche, in der mein Handy steckt, und löse mich aus der Umklammerung. „Nee, nee, mit mir nicht, Bürschlein!", warne ich ihn und gehe rückwärts auf den Bus zu. „Geh Pfandflaschen sammeln!", schlage ich ihm noch vor, mit der Gewissheit, er verstünde weder deutsch, noch existiere hier so etwas wie Flaschenpfand. So was! Ich lass mich doch nicht beklauen! Ich nicht!

Eine neue Gruppe Freiwilliger hat man mir fürs Wochenende prophezeit. Als ich am Center ankomme, - gähnende Leere!

Mich beschleicht ein ungutes Gefühl. Ich mag es nicht, so mutterseelenallein im Center zu sein, - vor allem nicht bei Nacht. Auch wenn mir mein Bett eine gewisse Sicherheit verleiht, so ist es doch ein eher bedrückendes Gefühl. Ich lese, bis mir die Augen zufallen, und sinke in einen unruhigen Schlaf. Als ich gegen drei scheinbar grundlos aufwache, ist es, als höre ich ein Schnorcheln aus dem Nachbarraum: ein nicht ganz geräuschloses Atmen. Ich versuche, mir einzureden, das könne nicht sein, wage aber nicht, aufzustehen, um nachzusehen.

Irgendwann schlafe ich wieder ein und träume wirres Zeug.

Montagmorgen höre ich beim Frühstück, wie unten die Dusche läuft. Ich denke, vielleicht sei Andrea doch noch aus Puyo gekommen, bis mir einfällt, ihr Weg vom Schlafzimmer führt an der Küche vorbei. Ich müsste sie definitiv gehört haben. Als ich runterkomme, steht die Tür der Dusche offen, die Brause tropft noch, doch es ist niemand zu sehen. Kurz überlege ich, ob ich mir deswegen Gedanken machen solle, entscheide mich aber dagegen und beginne Punkt acht Uhr mit der Arbeit.

Wieder einmal ist es an Almando und mir, die Tiere zu versorgen. Mir büxt der kleine Totenkopfaffe einmal aus, aber es ist nicht schwer, ihn wieder einzufangen. *Pascal* ist das übliche Biest, - ansonsten verläuft der Tag jedoch recht ereignislos. Ich helfe Almando am Nachmittag, die zweite Wand des Obergeschosses vom Quarantänekäfig zu bauen, und fühle mich irgendwie müder und platter als sonst, während ich die Kinkajous versorge. Abends beende ich mein achtes Buch und stelle „Christine“ von Steven King zurück ins Bücherregal. Langsam aber sicher geht mir der Lesestoff aus.

Am Dienstagnachmittag ist wieder Grashüpferfangen angesagt. Eine der Disziplinen, in denen ich mich in den vergangenen sechs Wochen noch nicht wirklich verbessern durfte. Dieses Mal allerdings klappt es ganz okay. Junge, diese kleinen Biester sind wirklich nicht dumm! Ich fühle mich ein bisschen schlecht, weil ich daran denke, wie ich von Wesen ausgetrickst werde, deren Hirn nicht größer ist als ein Stecknadelkopf. Sie haben so ihre Strategien, ihre Verfolger abzuhängen, und ich bin mir sicher, sie wissen genau, wann sie verfolgt werden und wann sie nur ausweichen müssen. Kleine schlaue Viecher! Und sie haben genug Kraft in ihren Hinterbeinen, um sich eines auszureißen, wenn jemand es festhält. Ziemlich beeindruckend, irgendwie ...

Ich finde es plötzlich etwas merkwürdig, wie man tatsächlich zwei Stunden eines Tages damit verbringen kann, mit gesenktem Kopf und gebeugtem Rücken über eine Wiese zu schleichen und Insekten zu fangen, und wieso ich mich dabei noch nicht einmal langweile. Irgendwann turnen dann etwa 30 (Jaaa genau, in 120 Minuten!) Tierchen in der Flasche herum. Der kleine Schluck Wasser darin ist inzwischen braun von Grashüpferkotze, und der eine oder andere besteht nur noch aus Einzelteilen. Was für ein Leben! Im Blut der Brüder zwischen abgetrennte Gliedmaßen, die einem um die Ohren fliegen, auf das Ende warten, - ich will nicht tauschen müssen!

Gegen vier, während ich mich auf den Weg mache, die Kinkajous zu füttern, hält plötzlich ein Taxi in der Einfahrt des Centers. (Was man nicht oft erlebt, so viel kann ich euch sagen!) Almando hat am Morgen angekündigt, heute würde - möglicherweise? - eine neue Freiwillige ankommen. Ich habe nur halb zugehört. So etwas wird schließlich jede Woche behauptet. Nun, diesmal scheint er Recht gehabt zu haben.

Ein junges Mädchen, 18, wie ich später erfahre, blond, schlank, hübsches Ding mit netter positiver Ausstrahlung, steigt aus und lässt sich vom Taxifahrer einen großen Rucksack auf den Rücken laden. Da stehe ich nun, - ich, - als einzige! Kein Jarno, keine Andrea, mit einem Eimer Futter in der Hand. Etwas ungeduldiger als gewollt, ich habe ja noch die Kinkajous zu füttern, stelle ich mich vor, tausche ein paar Sätze aus und schicke sie zum Center, wo ich sie gleich gebührend in Empfang nehmen werde. Lange Rede, kurzer Sinn: Ich füttere die Kinkis, gebe schnell unten Marcia Bescheid (die gerade `oben ohne´ unter einem Wassereimer steht) und tapse zurück.

Leonie, so ist ihr Name, wird nun also für fast drei Wochen bei uns sein. Ich täusche mich nicht. Sie ist wirklich ein nettes Ding, für ihr Alter schon viel gereist und hat eigentlich eine recht gute Grundeinstellung zum Leben. Sie passt sicher gut hierher, und irgendwie erinnert sie mich sehr an mich. Ja, jünger, hübscher, wahrscheinlich auch wesentlich liebreizender. Manche Kleinigkeiten in ihrer Art, die Weise, wie sie argumentiert, die Themen, die sie auswählt, die schüchterne, aber doch gesprächige Art, das alles hätte ich sein können, - vor zehn (oh, mein Gott ... zehn!) Jahren. Nicht zuletzt die Tatsache, dass auch sie ohne jegliche Sprachkenntnisse nach Ecuador kommt. Die Parallelen sind unverkennbar. Sie wird einmal zu einer großartigen Frau heranwachsen, wenn sie solche Parallelen weiter pflegt. Es ist selbstverständlich an mir, ihr in den nächsten drei Wochen möglichst viele meiner Weisheiten mit auf den Weg zu geben, um sie gut aufs Leben vorzubereiten. Aber heute muss ich damit nicht anfangen!

Sie geht ohnehin, geschafft von der Reise, bald schlafen. Überraschenderweise kehrt auch Jarno von seinem Trip aus Quito zurück (mehr oder minder erfolgreich?), was mich sehr beruhigt. Er ist nach Quito gereist, um sein Visum für Ecuador zu verlängern.

***Arbeit im Feed Shed- Vorbereiten des Futters***

***Angeln für den Ozelot***

Ich hatte schon Bedenken, ich müsse Leonie in die Arbeit einweisen. Dazu fühle ich mich nur bedingt in der Lage.

Am darauffolgenden Tag helfen wir Almando am Nachmittag, Kakao zu ernten, die Früchte aufzuspalten und die Bohnen zu entfernen. Ich fühle mich beinahe wie ein Kakaobauer, dessen Fleiß man aus den Dokumentationen kennt, jene Dokus, in denen man über `Fair trade´ und Unterbezahlung spricht. Soweit habe ich es also gebracht! Note 1, 2 im Fach-Abi. Später 1, 8 in der abgeschlossenen Berufsausbildung, - und dann jetzt beim unbezahlten, freiwilligen Kakaoernten!

Eigentlich wäre es eine recht angenehme Arbeit, wären da nicht diese Ameisen ... sooo viele Ameisen!! Sie rieseln von den Bäumen, sobald man den Früchten näherkommt, beißen und krabbeln überall.

Das Entfernen der Kerne ist eine schleimige Angelegenheit. Wir sitzen um den Berg mit Kakaofrüchten auf dem Boden. Jarno und Almando spalten sie mit ihren Macheten. Leonie und ich entfernen die mit weißem Schleim bedeckten Kerne in einen Eimer. Am anderen Tage wird Almando sie auf einer Decke zum Trocknen ausbreiten, und nach einer Woche können sie geröstet und gemahlen werden.

Gegen Abend dann, als ich mit einer Taschenlampe in der Küche sitze und zum hundertsten Male meine Hose nähe, wird es mir plötzlich bewusst: Leonie ist exakt das, was ich gebraucht habe. Ohne es selbst zu wissen, gibt sie mir mehr als nur ein bisschen von dem, was mir hier immer gefehlt hat. Eine Konstante, ja, eine Kollegin. Sie wird die nächsten 17 Tage mit mir in einem Boot sitzen, auf der gleichen Ebene. Ich wäre endlich, und das für einen längeren Zeitraum als bisher nur fünf Tage, nicht mehr die Einzige. Ein unheimlich beruhigendes Gefühl. Trotz der zehn Jahre Altersunterschied ist sie nämlich ein guter Gesprächspartner.

Donnerstag kommt dann auch Andrea mit einem ihrer Freunde ins Center. Jarno ist in faszinierend angenehmer Laune, und die Arbeit macht richtig Spaß.

In meiner Pause schaukle ich in der Hängematte vor meiner Tür und schaue mich um. Zum ersten Mal wird mir bewusst, wie sehr mir der Dschungel fehlen wird, wenn ich gehe, und was diese Umgebung in den sechs Wochen bereits mit mir und meiner Einstellung gemacht hat. Ich denke darüber nach, wie der Abschied von diesem Ort ein Abschied für immer sein wird. Selbst, falls ich irgendwann Zeit und Geld haben sollte, zurückzukehren, wäre das nie mehr das Gleiche. Ich werde auf einmal sehr, sehr traurig. Ich habe die letzten Wochen so völlig auf das Ende hingearbeitet, dabei ist es mir fast entgangen, was das eigentlich bedeuteten wird. Auf einmal wünsche ich mir, es solle ewig so weitergehen, - nur eben in Deutschland und nicht in Puyo. Dann wäre alles perfekt. Ich könnte meine Liebsten sehen und hätte trotzdem die Chance, dieses Leben so weiter zu leben, bis ich endgültig die Nase voll hätte: *Little Fucker*, die Totenkopfäffchen, die Zungos, *Luna* und *Tintin*, vielleicht sogar *Zazoo*. Ich glaube, sie alle werden mir fehlen. Sicherlich habe ich noch fünf Wochen Zeit, doch der Abschied, der mir bevorsteht, wird endgültig sein. Wieder muss ich ein völlig anderes Leben hinter mir lassen. Ich muss aufhören mit diesem \`longterm travel´. Aufhören, mich zu Hause zu fühlen an Orten, die nicht von Dauer sein können. Jedes Mal fühlte es sich bisher an, als würde man mir ein Stück meines Herzens rausreißen und man würde von mir erwarten, so weiterzumachen, als wäre nichts geschehen und alles wäre in Ordnung. Ein bisschen war es so, als würde ein geliebter

Mensch sterben, nur war es jedes Mal ein Teil von mir, der starb. Der unwiederbringlich zu Ende ging und nur noch in der Erinnerung existierte. Vielleicht hört sich das für den einen oder anderen komisch an, - übertrieben, - überdramatisiert, doch so fühlt es sich nun mal an. Diejenigen, die so etwas schon mal erlebt haben, können das sicher bestätigen.

Ich bin dankbar, als Jarno um die Ecke kommt und mich aus meinen Gedanken reißt: „You feel like a walk?“ Er will tatsächlich heute noch die Strecke gehen, die wir in meiner ersten Woche gelaufen sind, um sie Leonie zu zeigen. Ich betrachte meine Füße: Zwei meiner Zehen zeigen tiefe Risse, der andere einen entzündeten Splitter, der in einer wunderschön gelb leuchtenden Eiterblase sitzt. Betrachte dann meine Motivation, die knapp über dem Erdboden dümpelt. „No, thanks!“, antworte ich also und bereue es nicht.

Während die anderen durch die Gegend laufen, helfe ich Almando, die Wasserleitung zu reparieren, was ich äußerst spannend finde. Natürlich beziehen die Leute hier ihr Wasser nicht von irgendeinem Wasserwerk, sondern von der Quelle eines Bach- oder Flusslaufs. Die Stelle, an der ein Bagger den Schlauch beschädigt hat, umwickeln wir mit Kautschuk und befestigen es mit Draht. Dann folgen wir dem Schlauch bis zum Ursprung. Dort ist ein - geschätzt - eineinhalb Meter breiter Kanal, zur Hälfte mit Steinen gefüllt, in dem Fledermäuse herumflattern. Der Kanal endet in einem Steinbecken, in dem der Schlauch eingelassen ist und sein Wasser bezieht. Schwer vorzustellen? Ich weiß …

Anschließend helfe ich wieder bei der Kakaoernte.

Die Ozelot-Fütterung wird sich heute sicherlich von den anderen Fütterungen unterscheiden, denn Andrea hat Hühnchen mitgebracht. Lebende Hühnchen, eher Küken. Sie sind zwar schon etwas größer, der Flaum wird langsam von Federn abgelöst, aber sie haben noch die typisch gelbe Farbe. Der Kamm ist erst im Ansatz zu erkennen.

Ich fühle mich nicht gerade wohl dabei, wie ich drei von ihnen in den schwarzen Eimer stecke und mich auf den Weg zum Margay mache. Almando, der mit einer Plastikflasche hinter mir Geräusche produziert, die Trommelschlägen ähneln, macht mir den Marsch nicht leichter. Ich bin ein Henker, der Babys zum Galgen bringt. Die Welt ist grausam. Ich bin grausam!

Schluckend setze ich eines von ihnen auf die Plattform im Margay-Käfig. Eine Minute lang schaut der Margay mit großen Augen auf seine Beute, während er auf einem Baumstamm hockt. Plötzlich schießt er nach vorn, um das Leben des ahnungslosen Federviehs mit einem Biss ins Genick zu beenden. Der Ozelot erledigt seine Arbeit nicht ganz so sauber. Direkt an der Käfigtür beißt er dem einen Küken nur so viel vom Hinterleib weg, bis es sich nicht mehr rühren kann. So beobachte ich mit reichlich schlechtem Gewissen, wie das leidende Tier eine Minute lang alle funktionierenden Muskeln noch mal bewegt, ein paar verzweifelte Atemzüge macht und letztlich leblos liegenbleibt. Diese Bilder werden wohl auf Dauer in meinem Kopf haften bleiben.

Ich bin gerade fertig mit den Kinkajous, da kommt Leonie am Center an. Humpelnd! Sie hat sich den Fuß umgeknickt, und der Knöchel beginnt bereits, stark anzuschwellen. Auch Andrea und ihr Freund haben den Spaziergang frühzeitig beendet, sodass lediglich noch Jarno durch die Gegend tingelt. So viel Motivation möchte ich mal haben!

Leonie ist für den Rest der Woche außer Gefecht gesetzt. Sie hilft am Morgen bei dem Futter und versucht, sich im Center irgendwie nützlich zu machen, doch größtenteils bleibt ihr nur die Hängematte. Kein besonders befriedigender Start für sie, aber mir ist das klar, weil Jarnos Spaziergänge irgendwann Folgen haben würden. Nur sähe dabei lieber ich mich an ihrer Stelle. Es ist trotzdem nicht weiter schlimm. Die Woche vergeht auch so wie im Flug.

Übrigens haben wir in der Woche Zuwachs bekommen. Am Donnerstag hat eine der Katzen zwei Junge auf dem Küchenregal zur Welt gebracht, die Jarno natürlich gleich töten will. Auf mein „Don´t kill them! And dont touch them!“ folgt mürrisch sein eingebildetes „I do, whatever I want!“ „Right! If you think, that ´s the right thing to do, go for it!“ Langsam ertrage ich seinen Trotz nicht mehr. Er tötet sie natürlich nicht!

Am Freitag kommt Julio mit dem süßesten kleinen Hundewelpen der Welt an. Er hat sie einfach neben der Straße gefunden und mitgenommen ... Zu süß!!! ... Diese Kleine braucht nur noch den passenden Namen.

***Waschtag im Center***

## Kapitel 11: Die Gruppe plus Super Guide

Es geschehen noch Zeichen und Wunder! Am Sonntagabend kommen doch tatsächlich noch acht andere Volunteers und ein Guide ins Camp. Der erste Eindruck ist recht positiv. Sie sind alle um die 18 bis 20 Jahre alt, abgesehen vom Guide, der zarte 33 zählt.

Ich koche das erste Ma(h)l für mehr als vier Personen, zwölf insgesamt, und fühle mich bei den Mengen schon wie ein Kantinenkoch bei der Armee. Nur ist mein Gericht wahrscheinlich wesentlich schmackhafter.

Der Montag wird dann, wie man sich vorstellen kann, völlig anders als alle Tage zuvor. Ich stehe, wie immer, um sechs Uhr auf und kümmere mich diesmal um eine ganze Menge Geschirr, das weggeräumt werden muss. Mein Frühstück darf ich gerade noch in Ruhe genießen, aber bald schon wachen die ersten auf. Es wird ungewohnt laut und lebendig im Center. Es ist toll, obwohl ich das Treiben nur von draußen betrachte.

Andrea nutzt Frank, den Guide, als Sprachrohr, um ihre mangelnden Englischkenntnisse zu umgehen. Ich ergänze Regeln und Tagesabläufe, wann immer ich das Gefühl habe, sie hätte etwas vergessen. Sie nimmt die Ergänzungen dankend an, und ich atme auf, weil Jarno für einen Teil der Woche nicht da sein wird.

Unseren Arbeitsalltag beginnen wir nicht wie sonst im Feed Shed, sondern vor dem White Board, wo Andrea und Frank die Gruppe in Arbeitsgruppen einteilen. Alle helfen noch beim Reinigen des Centers und beim Zubereiten des Futters. Ein heilloses Durcheinander! Ich weiß nicht mehr, wozu ich die einzelnen Personen einteilen soll und wobei noch geholfen werden kann. Schließlich bin ich es gewohnt, alles alleine zu machen. Da können 16 helfende Hände schon deutlich zu viel sein.

Anschließend kümmern sich Leonie, Almando und ich um die Oben-Runde, während Andrea die Gruppe erst herumführt und dann mitnimmt zur Unten-Runde.

Nachdem die Tiere versorgt sind, bekommen Leonie und ich den Auftrag, eine weitere Plattform für Reinigungsutensilien der Käfige zu bauen. Soweit kein Thema! Oder? Von wegen! Der Nagelvorrat im Center beschränkt sich auf einen Haufen verrosteter und verbogener Gestalten, die sich in Staub auflösen beim Anblick des Hammers, dessen hinterer Teil auch abgebrochen ist. Unsere Versuche, einigermaßen gutaussehende Exemplare in das feste Holz zu nageln, enden mit abgebrochenen oder verbogenen Nägeln, die nicht einmal ansatzweise die andere Seite des Holzes erreichen.

Irgendwann geben wir auf und beginnen damit, Lunch zuzubereiten. Kartoffelsuppe. Das Kochen gelingt mir inzwischen ganz gut. Trotz Gewürz- und Zutatenmangels steht immer ein durchaus zufriedenstellendes Mahl auf dem Tisch.

Zwischendurch kommen Andrea und Frank mit Allie, einem Volunteer, ins Center. *Emma,* das Kapuzineraffenweibchen, hat sie angefallen und ins Ohr gebissen. Nun wird sie verarztet, so gut es mit den vorhandenen Verbandmaterialien geht. Erst gegen 13 Uhr trifft die ganze Gruppe ein und lässt es sich schmecken. Sie alle wirken reichlich müde und geschafft. Ich freue mich, diesen Punkt längst überwunden zu haben und an die harte Arbeit inzwischen gewöhnt zu sein.

Nach einer kleinen Pause teilen wir die Gruppe erneut ein. Ein Teil wird mit zum Bananenpflücken kommen, ein anderer zu den Gehegen gehen, um ein wenig außerhalb davon ein Loch für die Essensreste zu graben.

Ich entscheide mich für die Bananen, da mir die langen Wege inzwischen nicht mehr viel ausmachen. Leonie und drei von den Neuen leisten mir und Andrea Gesellschaft und bestreiten tapfer den Nightmarehill und seine Tücken.

Dann die Stunde der Stunden: Ozelot-Fütterung. - Lebendfutter! Keine Hühner. Diesmal Häschen. Zwei süße Albino-Hasen und ihr brauner Bruder turnen schon den ganzen Morgen im Feed-Shed umher und haben keine Ahnung von dem, was sie erwartet. Das Gruseligste: Ich empfinde bei ihrem Anblick nichts. Kein Mitleid, kein Bedürfnis, sie vor ihrem Schicksal zu bewahren ... Nichts!! Nicht einmal, als ich sie in den Eimer packe und diesen Quinn, einem Volunteer der Gruppe, in die Hand drücke. Es ist mir faszinierend egal, ob der Ozelot nun 20 Fische oder einen Hasen zum Fressen bekommt. Das mulmige Gefühl, das ich noch vor einer Woche bei den Küken verspürte, ist nicht mehr da. Ich filme die Fütterung sogar mit der Go-Pro. Gewissenlos sehe ich dabei zu, wie erst der Margay seine Beute erlegt und dann sein größerer Verwandter das Gleiche tut, es aber vorher für sinnvoll hält, erst mit der Beute zu spielen.

Während Andrea zu Ozelot Nr. 3 geht, füttere ich mit Valerie die Kinkajous.

Wie sich herausstellt, ist Frank Spanisch-Lehrer. Leonie hat die glorreiche Idee, ihn nach einer Unterrichtsstunde zu fragen. So sitzen wir zwei, Leonie und ich, sowohl vor, als auch nach dem Essen um einen Tisch herum und lassen uns Spanisch-Grundkenntnisse vermitteln. Ich lerne in zwei

Stunden mehr als in den sieben Wochen zuvor. Jetzt müsste ich mir nur noch alles merken können.

Zusammengefasst: Ein toller Start in die Woche. Wie schon erwähnt, ist die Gruppe sehr nett und aufgeschlossen. Frank ist ein Super Guide! Ich wünschte mir, meine Einführung wäre damals ähnlich gewesen, dann hätte ich mich hier wahrscheinlich sofort wie im Paradies gefühlt. Andrea macht ihre Sache gut. Pausenzeiten werden eingehalten, der Feierabend ist pünktlich um 17 Uhr, das Arbeiten im Allgemeinen völlig entspannt.

Inzwischen hat sich der Dreck buchstäblich in meine Hände eingebrannt. Es spielt keine Rolle, ob ich versuche, ihn mit der Nagelfeile abzufeilen, mit Handwaschpaste abzuschmirgeln oder mit den Fingernägeln daran herum zu kratzen. Der Dreck hat sich in die Rillen meiner Finger gesetzt und beschlossen zu bleiben. Ich weiß schon nicht mehr, was meine Hautfarbe und was die Dreckschicht ist. Besonders die beanspruchten Stellen, wie Daumen, Zeigefinger und Fingerkuppen, fühlen sich inzwischen an wie die eines fünfzigjährigen Bauern, der das Wort Handcreme nie gehört hat. Anstatt eines Händeschüttelns werde ich wohl in den kommenden Wochen eher `High fives´ zur Begrüßung geben. Meine Suche nach Handcreme in Puyo ist übrigens auch vergebens, und so kann ich dabei zusehen, wie die Haut immer trockener wird. Die Risse auch, .... Autsch!

In der wachsenden Gesellschaft wird auch meine Stimme im Kopf leiser, die bisher die meisten meiner Arbeitsschritte begleitet hat und mir dabei hilft, alles in Schriftform zu packen. Die sarkastische Pampe, die zwischen den Gehirnzellen hin und her gewabert war, hat sich aufgelöst, und ich bin wieder ein wenig mehr ich selbst.

***Geteiltes Leid ist halbes Leid: Die Gruppe und ich bringen Früchte und Futter zum Center***

Mit der Zeit kann ich die Charaktere besser zuordnen. Quinn z.B. ist der Player, der sich an unserer lieben Leonie die Zähne ausbeißen wird. Marvin (der einzige Deutsche, der Rest ist muttersprachlich Englisch) gibt den stillen Vertreter, dessen lange Beine sich nur im Zeitlupentempo bewegen und der höchstwahrscheinlich noch nie in seinem Leben körperliche Arbeit verrichtet hat. Er hält sich oft im Hintergrund, doch wenn er dann mal was sagt, bringt er es meistens auf den Punkt, was manchmal total witzig sein kann. Valerie ist eine offene Frohnatur, deren Interesse an allem und jedem ehrlich und liebenswert ist und die mit einer Nadel und Tinte Leonie und Quinn tätowiert. Cicery singt und tanzt wie eine junge Göttin und bietet ihre Show so oft es geht, was manchmal anstrengend ist. Besonders, wenn plötzlich sechs Mädchen mit einstimmen und Taylor Swifts Hits trällern, wünsche ich mich ans andere Ende der Welt. Die Gruppenkonstellation ist recht harmonisch. Jeder scheint mit jedem prima klar zu kommen. Leonie lebt sich schnell in diese Gesellschaft der Gleichaltrigen ein, und auch ich fühle mich nicht unwillkommen.

Wenn die Gespräche von Reisen abweichen und auf Dinge wie gewünschte Dreadlocks, abrasierte Köpfe, Tunnel in den Ohren usw. kommen, halte ich mich dezent bedeckt. Für so etwas scheine ich dann doch zu alt. Wenn ihre geplante Re-Union in zwei Jahren auf den Tisch kommt, wird die Reihe durchgegangen, wo sich jeder nach diesen zwei Jahren sieht. Ich werde höflich übersprungen, womit ich nicht das geringste Problem habe. Ich glaube, es gab ohnehin keine Zeit in meinem Leben, in der ich diese Frage hätte beantworten können. Und jetzt, wo ich in großen Schritten auf die 30 zueile, schon gar nicht. Die Tatsache, es wird wohl niemals zu einem Wiedertreffen in dieser Konstellation kommen, verschweige ich. Lasse sie in ihrem Glauben, dass zwölf Menschen aus verschiedenen Teilen der Erde mit vollkommen verschiedenen Plänen in ferner Zukunft ein Datum finden, an dem sie sich wiedersehen. Ich kann meinen Allerwertesten darauf verwetten, es wird nie so weit kommen, aber es ist ein netter Gedanke, den ich in der Vergangenheit auch oft genug hatte.

Frank (nur noch mal zur Erinnerung: ihr Super Guide) ist Gold wert. In der ersten Woche bringt er uns in den Abendstunden immer wieder mal etwas Neues bei, obwohl wir nicht einmal zu seiner Gruppe gehören. Seine Unterrichtsstunden sind interessant und lebendig. Allein seinetwegen bin ich dankbar, weil die Gruppe zwei Wochen bleibt.

Die Wochentage fliegen nur so dahin. Kochen wird von einer Nebentätigkeit, die nun mal sein muss, zu einer spannenden und unterhaltsamen Hauptaufgabe, die nicht nur Spaß macht, sondern auch sehr kreativ wird. Am Morgen teilen wir immer Zwei oder Drei, die sich freiwillig dazu melden, für Lunch und Dinner ein. Die Mahlzeiten sind abwechslungsreich und alle miteinander unheimlich lecker.

Am Donnerstagabend kommt Jarno mit seiner Cousine ins Center. Vielleicht tue ich ihm unrecht, aber gerade jetzt, wo ich mit Leonie eine Plattform gefunden habe, um mich über sein unmögliches Verhalten auszutauschen, fange ich an, ihn immer weniger leiden zu können. Allein schon sein Anblick jagt mir einen Schauer über den Rücken, und ich ärgere mich selbst darüber, wie er es geschafft hat, solche Emotionen in mir hochkochen zu lassen. Ich kann nicht einmal an ihm vorbeigehen, ohne dass mich einiges an ihm stört.

Als er herausfindet, ich habe sowohl die Vogel-, als auch die Affenrunde allein mit einem Teil der Gruppe erledigt und dabei so ziemlich die Coordinator-Rolle eingenommen, erwartet mich anstelle eines Lobes ein abwertender Blick. Später höre ich, wie er Andrea für diese Entscheidung kritisiert. Dann verdächtigt er mich, die Katze mit ihren Babys in sein Zimmer gebracht zu haben, wo wir sie am Morgen seiner Rückkehr vorfinden. Er spricht allerdings den Verdacht nie offen aus, fragt mich aber, wie es denn sein könne, wenn die Katze durch eine geschlossene Tür kommt. Sein offenes Fenster lässt er wohl außer Acht. Auf meine Versuche hin, ihm zu erklären, wie einfach der Einstieg für eine Katze sei, sagt er nur, mit zwei Jungen wäre dies unmöglich. Das ist es aber anscheinend doch nicht. Er betont mehr als einmal, er wird die Katzen töten, und hofft wahrscheinlich auf irgendeine Empörung meinerseits. Ach, weiß der Teufel, was er erwartet! Ich bin es mehr als leid, mich ständig zu rechtfertigen, und suche mir andere Gesprächspartner. Ganz ehrlich, als ob ich nichts Besseres zu tun hätte, als eine Katze mit zwei Babys in sein Zimmer zu setzen! Wo ich doch genau weiß: Er sucht bloß einen Grund, die zwei Kleinen an den Ozelot zu verfüttern. Seine Cousine stellt er uns nicht einmal vor. Stattdessen konfrontiert er mich mit: „Sie schläft in deinem Zimmer, sei nett zu ihr!" Stellt mich vor vollendete Tatsachen, anstatt mich zu fragen, ob ich etwas dagegen hätte! Glücklicherweise erinnere ich mich an einen freien Raum im Center, und so kann ich das Bett für seine Cousine dorthin umdirigieren. Es ist ja nicht so, dass ich ihm nicht mehrfach gesagt hätte, wie sehr ich mein Zimmer mag und es nicht mehr mit jemandem teilen möchte. Momentan belegt die Gruppe das große Gruppenhaus. Leonie, Frank und ich haben unser eigenes Zimmer in dem separaten Haus. Jarno schläft in einem Zimmer im Haupthaus, welches noch drei weitere Zimmer hat. Es gibt also genug Ausweichmöglichkeiten, und ich bin der Meinung, ich hätte mir nach fast acht Wochen einen gewissen Status erarbeitet, der ein eigenes Zimmer beinhaltet. Warum schlägt er nicht Leonie als Zimmergenossin vor? Warum nicht sich selbst? Und warum denkt er nicht selbst daran, welche freien Räume das Center noch hat? Ich finde nur die eine Antwort: Er macht das mit Absicht. Er will mich mit Absicht ärgern, um seine Macht zu demonstrieren!

Das alles geschieht in der ersten halben Stunde nach seiner Rückkehr. Um dem Ganzen noch einen draufzusetzen, berichtet er ganz nebenbei, *Tintin* (*Luna*s Schwester, die sich in letzter Zeit mehr bei Almando und Marcia als im Center aufhielt) sei an einer Reaktion auf einen Bienenstich gestorben. Es fällt mir schwer, meine Tränen im Beisein der Gruppe zurückzuhalten, doch es gelingt irgendwie, mir nichts anmerken zu lassen. Danach bin ich erst einmal geimpft und gehe Jarno aus dem Weg, wann immer möglich. Das ist nicht weiter schwer, denn statt sich, wie es sich für einen Coordinator eigentlich gehört, mit der Gruppe zu kommunizieren, verschwindet er sofort nach dem Dinner nach draußen und entzündet ein Lagerfeuer. Vielleicht hofft er darauf, der eine oder andere möge sich von ganz allein zu ihm begeben. Doch da liegt er falsch. In der Küche geben nämlich Andrea und Frank Salsastunden. Es wird getanzt, gespielt und gesungen. Ein wirklich toller, ausgelassener Abend ... ohne ihn.

Meine Rolle in der Gruppe habe ich noch nicht eindeutig analysieren können. Durch meine Erfahrungen hier habe ich schon eine Art Coordinator-Rolle eingenommen, und mein Alter trägt nicht gerade dazu bei, mich als Gleichgesinnte zu fühlen. Ich muss mir immer wieder vor Augen halten, ich habe es hier mit Kids zu tun.

So liebenswert sie alle miteinander sind, so machen sie mir doch viel Arbeit.

Meine morgendliche Ruhe geht dafür drauf, das abgewaschene Geschirr an seinen Platz zu räumen. Das ist nicht gerade wenig, denn immer wieder schaffen sie es, sämtliche Küchengegenstände, Töpfe und Pfannen zu benutzen. Oft genug lassen sie alle Gläser und Schüsseln, die nach dem Dinner noch benutzt wurden, achtlos und dreckig auf dem Tisch stehen. So darf ich am Morgen dafür sorgen, dass alles an seinem Platz ist, - nicht gerade meine Vorstellung von einem gemütlichen Start in den Tag. Natürlich fühlen sie sich für das Center nicht so verantwortlich, wie ich es inzwischen tue. So ist es auch an mir, Hunde- und Vogelkacke zu entfernen, liegengelassenes Papier aufzuheben und so weiter. Manchmal geht mir das gewaltig auf die Nerven. Allein ihre Anwesenheit und ihre Art, jemanden in ihre Gruppe aufzunehmen, macht jedoch alles wieder wett. Sie sind wirklich eine angenehme Abwechslung und machen mir die anderen Arbeiten so viel leichter. Irgendwie ist es ihnen gelungen, mich zu überzeugen, das Wochenende mit ihnen in Banos zu verbringen. Eine Stadt, etwa zwei Stunden entfernt von Puyo und berühmt für die `gefährlichste Schaukel der Welt´. Ich bin gespannt, wie das verlaufen wird.

Banos ist eine wunderschöne kleine Stadt, umgeben von hohen Bergen und Vulkanen. Vom Marktplatz aus sieht man von einem der Berge einen Wasserfall sprudeln. Alles ist sehr sauber und touristisch wesentlich mehr entwickelt als Puyo. Überall gibt es verlockende Aktivitäten wie Paragliding, Wildwater-Rafting, Reiten, usw. Das Angebot an Nahrung ist deutlich internationaler, und die Shops bieten zum großen Teil Souvenirs an.

Wir kehren im Hostel `Transilvania´ ein. Ich teile mir mit Leonie ein Doppelzimmer. Aufgrund der eingeschränkten Zeit wird unser Plan sehr kurz gehalten und umfasst nur `Casa del Arbol´, die gefährlichste Schaukel der Welt, Duschen, Essen und Trinken.

Die Schaukel ist natürlich von Touristen völlig überlaufen. Irgendwie gelingt es immer allen anderen, sich vorzudrängeln, sodass es bereits dämmert und regnet, als wir an der Reihe sind.

Tatsächlich handelt es sich um eine ungesicherte Schaukel, an einem Baum befestigt, der an einem Abgrund in 2660 m

Höhe steht. Natürlich geht es nicht ganz so steil bergab, dass man bei einem Sturz bis ins Tal fallen würde, aber man könnte sich schon ordentlich wehtun. Der Spaß dauert knapp zwei Minuten pro Person, und man wird von einem Bediensteten angeschubst.

Das macht schon echt Spaß, und für einen Dollar darf man schließlich nicht meckern. Durchnässt und kalt erreichen wir gegen sechs Uhr unsere Taxis und machen uns bibbernd auf den Weg zurück. Im Hotel habe ich dann die längste Dusche seit zwei Monaten. - Heißes Wasser! Was für eine Wohltat! Zum ersten Mal seit einer Ewigkeit fühle ich mich wieder richtig sauber!! Abgesehen von den Händen, versteht sich.

Zum Dinner gehen wir Pizza-Essen, doch die Pizza ist enttäuschend, da man in Ecuador anscheinend keine Tomatensoße verwendet. Anschließend kaufen wir Alkohol, was mit so vielen, jeder in etwa so entscheidungsfreudig wie ich, eine ziemliche Herausforderung ist. Es dauert bestimmt 45 Minuten, bis wir uns endlich mit einer Flasche Rum, einer Flasche Wodka, einem Kaffeelikör und ein paar Softdrinks eingedeckt haben.

Wir haben also ein paar Predrinks im Hostel und wagen uns anschließend mit Andrea in eine nette Discothek. Die Gäste, angenehmer Durchschnitt, sind ziemlich gut dabei. Quinn beißt sich, wie ich vorausgesehen habe, an Leonie die Zähne aus, doch es ist süß, wie die zwei sich näherkommen. Ich muss gestehen, ich habe es mir schlimmer vorgestellt, mit einer Gruppe 18-jähriger unterwegs zu sein. Andrea selbst ist ordentlich blau. Irgendwann geben uns Fremde Wodka-Shots aus, und ich klappere jede Bedienung im Laden ab und behaupte, noch keinen Willkommens-Shot bekommen zu haben. Nach Schichtwechsel spiele ich das gleiche Spielchen noch einmal. Trotzdem bin ich am Ende des Abends um 30 Dollar ärmer. Weiß der Teufel, was ich damit angestellt habe, aber ich schwöre: Ich habe mir kein Wasser gekauft.

Auf dem Rückweg ins Center am nächsten Tag verkündet Andrea, eine neue Voluntärin sei da und wird in MEINEM ZIMMER schlafen! Mal wieder fällt mir alles aus dem Gesicht. Das kann nur Jarnos Idee sein. Es gibt doch noch einen komplett freien Raum, und Leonie wird am Samstag abreisen. Warum dann zur Hölle mein Zimmer??? Was habe ich denn getan?? Die ganze Rückfahrt auf der Ladefläche des Pickups verbringe ich mit den inzwischen so vertrauten Aggressionsgedanken bis hin zu Plänen, ob und wie ich das Center frühzeitig verlassen soll ... Langsam tut mir Leonie direkt Leid, die sich meinen Frust immer und immer wieder anhören darf, aber ich kann nichts ändern.

Im Center angekommen, sitzt die Schwedin in der Hängematte und liest. Sie erklärt uns, bereits drei Stunden sei sie mutterseelenallein allein da, und Jarno hätte ihren Rucksack noch in Puyo. Glücklich stelle ich fest: Weder in meinem, noch in Leonies Zimmer ist ein frisches Bett vorbereitet. Deshalb entscheide ich schließlich einfach selbst, als Almando mit dem Bettzeug kommt, die Neue soll in dem leeren Raum schlafen. Ich lass mich ja nicht lumpen!

Jarno sagt nach seiner Rückkehr überraschenderweise nichts zu meiner Entscheidung. Ich nehme an, Andrea hat ihm erzählt, wie wenig begeistert ich bei ihrer Verkündung war. Jedenfalls erscheint er mir erstaunlich umgänglich. Ich glaube, sowohl die Gruppe, als auch die Neue halten ihm klar vor Augen, die Hanna sei gar nicht soooo verkehrt.

Inzwischen muss ich mir eingestehen, diese verrückte Bande macht mir extrem viel Spaß. Jeder ist auf seine Art so liebenswürdig und offenherzig, dass ich mich irgendwie dazugehörig fühle. Als Valerie mich fragt, ob ich es besser finde, mit oder ohne eine Gruppe zu arbeiten, antworte ich unter anderem wahrheitsgemäß: „It ´s really great to have you guys around!“ Darauf Quinns Antwort: „It´s really great having you around, Hanna!“

Ich habe keine Ahnung warum, aber irgendwie fühle ich mich geschmeichelt, auch wenn es vielleicht nur so daher gesagt ist. Es tut einfach gut, mal eine positive Rückmeldung für meine Arbeit zu bekommen.

Frank verbringt fast die ganze Woche in Puyo, weil eines der Mädchen ins Krankenhaus muss. Es ist nichts Ernstes, sie hat irgendwie Probleme mit den Augen. Auch Andrea lässt sich erst am Freitag im Center blicken, sodass Jarno die Verantwortung hat und faszinierend human mit jedem, - außer mir, - umgeht. Inzwischen stehe ich ja über seinen fragwürdigen Aussagen, aber selbst der Gruppe fällt auf, wie sein Verhalten mir gegenüber nicht gerade von Freundlichkeit geprägt ist.

Die Arbeitswoche geht sozusagen zu Ende, sobald sie angefangen hat. Die Tage rasen dahin, als hätte jemand eine Vorspultaste betätigt. Wir arbeiten gemeinsam an Huhanganitas (eines der Pegaries) Gehege, aber morgens ist Hanna für die Vogelrunde, Jarno für die Affen zuständig. Es findet noch eine deutsche Volontärin ihren Weg ins Center. Und dreimal dürft ihr raten, in welches Zimmer sie kommt. Richtig! In meines! Wozu soll sie auch in Leonies Zimmer gepackt werden, das ohnehin ab Samstag leer steht? Oder in das der Schwedin, die eh nur zwei Wochen bleiben wird und daher, meiner Meinung nach, gar nicht das Recht auf ein

Einzelzimmer hat. Nööö! Nööö, - mein Zimmer, immer mein Zimmer! Pack den Ozelot doch auch noch dazu, macht mir doch nichts aus! (tiiiief durchatmen!) Stell dir einfach vor, wie deine Faust mitten auf seine Nase trifft ... wieder.... wieder .... und wieder.

Ich greife mir mit der rechten Hand ans Auge, um das Zucken zu stoppen, spüre meine Lider noch unter meinen Fingern pochen. Irgendwann werde ich explodieren, ... irgendwann!

Annika, meine neue Zimmergenossin, ist 32 Jahre alt und sehr nett. Sie wird bis zum 10. November bleiben - und damit so lange wie ich. Das ist schon mal ein sehr beruhigendes Gefühl. Obwohl mir die Gruppe sehr fehlen wird. Vor allem Leonie, die in den zwei Wochen irgendwie, trotz Altersunterschied, eine tolle Begleitung gewesen ist.

Für den letzten Abend haben wir uns am Wochenende zuvor in Banos mit genügend Alkohol eingedeckt und genießen den nach einem köstlichen Dinner um die Feuerstelle herum.Es war eine tolle, abwechslungsreiche Zeit mit der Truppe. Obwohl die Ausführlichkeit meiner Berichte darunter litt, bin ich unheimlich dankbar, weil mir diese Erfahrung endlich doch noch zuteil wurde.

*Papageien in schön... ..*

*und in etwas weniger schön...*

## Kapitel 12: Neuer Partner in Crime : Annika

Der Abschied von Leonie ist kurz und schmerzlos. Ein kurzer Sprung aus dem Taxi und eine herzliche Umarmung, schon ist sie verschwunden.

Ähnlich der Abschied von der Gruppe. Sie verbringen den Samstag und die Nacht zwar im gleichen Hostel und laden mich zu jedem Essen und abends auch zu einem Bier ein, doch irgendwie fühle ich mich nicht richtig danach. Erstens habe ich mich im Supermarkt mit Junkfood und blöden Milchbrötchen eingedeckt und will kein weiteres Geld ausgeben. Zweitens steht mir der Sinn mehr nach Skypen und einem Horrorfilm, und drittens habe ich keine Lust, den Abend mit meinem `besten Freund´ Jarno zu verbringen.

Am nächsten Tag begleite ich die Gruppe aber zum Lunch und verabschiede mich gegen 15 Uhr von ihnen, als sie sich auf den Weg zum Busbahnhof machen. Es ist wirklich traurig ohne sie.

AAAAAber: neue Runde, neues Glück! Die kommende Woche wären es also Jarno, Annika, Annie, die Schwedin, und ich.

In Annika habe ich meinen neuen `Partner in Crime´ gefunden. Sie vertritt bei den meisten Dingen die gleiche Ansicht wie ich, und ich vermute, die nächsten drei Wochen sind mit ihr gesichert.

Am Samstagabend kehren sie und Annie erst um halb zehn aus Banos zurück. Zu dieser Zeit liege ich längst, leise schnarchend, in Morpheus` Armen, die an diesem Abend so stark sind, dass selbst Annikas Klopfen ihren Griff nicht lösen kann. Denn, was weder Morpheus noch ich ahnen: Wohl aus der Macht der Gewohnheit habe ich mein Zimmer, welches auch Annikas Zimmer ist, verschlossen. Die Arme bettet sich also zwangsläufig in Leonies zurückgelassener Bettwäsche nebenan und darf die Nacht über, getrennt von ein paar Brettern, meiner äußerst unterhaltsamen Nachtmusik lauschen, (Ich trage in dieser Nacht sicher maßgeblich zur Abholzung des Regenwaldes bei, denn am nächsten Morgen ist mein Mund so trocken, als hätte ich einen Zentner Salz gegessen, und das Runterschlucken meiner Spucke kommt dem Schlucken von Schmirgelpapier gleich.) Annika hat weder ihr Buch, noch irgendetwas anderes, um sich abzulenken.

Sie scheint über diesen Vorfall jedoch glücklicherweise nicht erbost zu sein, und so beginnt der nächste Morgen in voller Harmonie. Ohne den Berg voller Geschirr, dafür mit einer netten Konversation, die erst einmal aus einem Schwall von Entschuldigungen meinerseits besteht.

Der Tag an sich ist erstaunlich befriedigend. Zuerst erledigen Annika und ich die Affenrunde, nicht ohne *Emma*, die sich wieder von ihrer besten Seite zeigt und Annika eine schöne Bisswunde am Oberarm verpasste. Wir erreichen, von einem Regenschauer überrascht, recht nass das Center, wo Annie bereits in der Hängematte liegt. Jarno beschließt, noch vor dem Lunch Bananen zu holen, doch Annie scheint sich für diese Aufgabe nicht zu interessieren und bleibt einfach liegen. „Gut“, denke ich, „vielleicht macht sie ja Lunch?“

Als wir eineinhalb Stunden später verschwitzt vom Bananenholen zurückkehren, ist sie in ihrem Zimmer. Kein Lunch … Wir schnippeln also zu dritt Gemüse und rufen sie, als das Essen auf dem Tisch steht. Selbstverständlich kümmern wir uns auch noch um das Abwaschen des Geschirrs. Nach dem Essen bleibt uns noch eine halbe Stunde, bis wir um 14 Uhr an *Guanganita*s Käfig weiterarbeiten sollen. Annie bleibt in ihrem Zimmer. Auf Jarnos Frage hin, ob sie mitkommen wolle, ist ihre Antwort so simpel wie eindrucksvoll: „I am resting!“ - Ich ruhe mich aus! Dass mir nicht die Kinnlade runterklappt, ist das Einzige. Natürlich ist mir klar, wir machen das alles hier freiwillig. Jarno kann und will uns zu nichts zwingen. Wie man sich allerdings von vorneherein so aus allem heraushalten kann, ist mir ein Rätsel. Mir wäre das niemals in den Sinn gekommen, während andere arbeiten, im Center zu bleiben, zu schlafen und zu essen.

Kamen wir nicht alle hierher, um zu arbeiten? Geht sie davon aus, Freiwilligenarbeit wäre Tiere streicheln? Was hat sie sich überhaupt gedacht?

Egal, kann ich nicht verstehen, muss ich nicht verstehen!

Während wir den Zaun reparieren, haben Annika und ich genug Zeit, uns über dieses Verhalten zu wundern. Ja, ich bin in dieser Hinsicht ein Lästerschwein, und nein, ich fühle mich nicht einmal schlecht deswegen. So ein Verhalten muss diskutiert werden, und da es wenig Sinn macht, das mit der betreffenden Person zu besprechen, muss ich mich anderweitig austauschen. Ich nenne das also nicht `Lästern´. Ich nenne es `kommunikativen Austausch über unerwünschte Verhaltensweisen bei Nichtanwesend-Sein der betreffenden Person und ohne deren Kenntnisnahme´. Klingt einfach besser so!

Aber ich will auch positive Verhaltensänderungen nicht unerwähnt lassen. Jarno ist ungewöhnlich kommunikativ und freundlich den Tag über, und es gibt wirklich keine große Sache, über die ich mich beklagen könnte. Wird es ihm etwa in den letzten drei Wochen gelingen, sich auf meiner Gunstleiter doch noch von den Abgründen der Hölle auf ein normales Niveau herauf zu kämpfen? Wird es ihm gelingen, normale menschliche Verhaltensweisen mir gegenüber an den Tag zu legen und diese nicht gleich wieder durch einen vernichtenden Kommentar oder eine abwertende Geste aus meiner Erinnerung zu löschen? Welche Überraschungen hält der Dschungel noch auf die letzten Tage für mich bereit?

Ich darf gespannt sein!

Der Rest des Tages hält auf jeden Fall keine Überraschung mehr bereit. Ozelots, Margay, Kinkajous, Dusche, Dinner, - fertig!

Oh, eins noch: Annika hat tatsächlich Tierfutter besorgt. Deshalb bekommen *Luna*, Cookie, *Gandalf* und die andere Katze, die noch keinen Namen hat, (jedenfalls ich habe noch keinen gehört) zum ersten Mal Hunde-, bzw. Katzenfutter statt Toast oder Reis ... Aufregend, oder?

Dienstag zeigt Annie dann etwas mehr Motivation und lässt sich sogar überreden, noch vor dem Lunch mit am Gehege zu arbeiten. Während ich mit Annika den Zaun ziehe, hält sie sich irgendwo im Hintergrund auf, ohne sich maßgeblich an den anstehenden Arbeiten zu beteiligen. Ihre Abwesenheit stört mich nicht sonderlich, denn gewöhnlich verbringt sie die Zeit, in der sie nicht redet, mit dem Summen irgendwelcher Melodien, und das kann auf die Dauer ziemlich anstrengend sein. Um viertel vor zwölf bietet sie sich großzügig an, zurückzugehen, um Lunch zu kochen.

Das `Festmahl´ besteht aus geschnittenem Gemüse mit angebratenem Toastbrot.

Ich weiß, ich bin eine Person, die gern von sich behauptete, mit jedem klar zu kommen. Hier finde ich nun heraus, ich habe all die Jahre offensichtlich gelogen. Ich wäre unheimlich gerne einer dieser wundervollen Menschen, die neutral und sogar freundlich auf ihre Mitmenschen zugehen, deren Lachen so herzlich und ehrlich ist, dass selbst der Terminator das Bedürfnis hat, mit einzustimmen, und deren einladende Art jedem das Gefühl gibt, willkommen zu sein. Wahrscheinlich bin ich eher einer der anderen, weniger gern gesehenen Extreme. Ich be- und verurteile, ziehe Unbeteiligte auf meine Seite und gehe ganz und gar nicht neutral an mich störende Verhaltensweisen heran. Ganz im Gegenteil.

Als Annie nach dem Essen noch beim Hinausgehen flötet: „Who is gonna do the dishes?“ und ohne auf Antwort zu warten verschwindet, als wäre sie die Herzkönigin, die ihren Untertanen gerade ein Angebot macht, das niemand ablehnen kann, bleibt mir der Brocken im Halse stecken! Gerade nachdem wir uns gestern abgerackert haben, während sie keinen königlichen Finger rührte. Ich würde mich schämen!

***Die Machete wurde ein guter Freund***

***Unsere neue Brücke***

Zum Grashüpferfangen nach unserer Pause lässt sie sich komischerweise herab, ist dabei jedoch nicht sonderlich motiviert. Danach verabschiedet sich unsere Hoheit, und ich begleite Annika und Jarno auf einen seiner berühmten Junglewalks, der mich aus unerfindlichen Gründen in eine komplette Bitch verwandelt. Genervt von den tausenden von Insektenbildern, die Jarno für Annika mit ihrer Kamera schießt, und unnötigen Stopps auf unserem Weg, werde ich ziemlich säuerlich. Erstens kenne ich den Weg schon, und zweitens interessieren mich die blöden Spinnen und Grashüpfer einen Scheiß, und drittens haben wir Almando um sieben zum Essen eingeladen, müssen vorher noch duschen und kochen. Trotzdem lassen sich die beiden ihre wohlverdiente Zeit. Vorsicht! Hier kein Sarkasmus! Tatsächlich bin ich im Nachhinein der Meinung, sie hätten sich alle Zeit der Welt nehmen können. Wir haben ja keine Eile, … alles ist gut! Ich bin einfach nur ungerechtfertigt genervt und habe gerade ernsthafte Probleme, aus meiner miesen Laune herauszufinden.

Jarno möchte freundliche Dschungelfotos von uns machen, und ich motze ihn an, er solle mich in Ruhe lassen und weitergehen. Er versucht, mich zu überreden und mir zu erklären, ich würde ja schon bald gehen und hätte dann kein Foto von mir, über das ich mich später freuen würde, usw. Aber ich raunze nur, er solle akzeptieren, wie hässlich ich mich finde. Er solle endlich die Kamera wegmachen. Er hält an, um Annika etwas zu erklären, und fragt mich, ob es okay wäre, die Spinne zu fotografieren. Ich meckere nur, ich hätte keine Meinung mehr.

Kurzum: Ich benehme mich schlimmer als ein kleines Kind. Annika, die unsere Diskussion anscheinend amüsant findet, sagt grinsend, wir verhalten uns wie ein altes Ehepaar.

In meinem Kopf steigt das Bild von uns beiden auf  im Schaukelstuhl vor einer Bambushütte, mit langen weißen Haaren, die leicht von einer warmen Brise Dschungelluft verweht werden. Ein kleiner Klumpen Kotze begleitet das Bild. Ich schlucke ihn widerwillig runter. Es gibt kein Szenario auf dieser Welt, in dem eine solche Vorstellung auch nur in Betracht gezogen werden darf.

Kaum zu Hause angekommen, verfliegt meine schlechte Laune. Ich entschuldige mich sowohl bei Jarno, als auch bei Annika für mein unmögliches Verhalten. Ich denke zwar, beide fanden es nicht halb so schlimm wie ich im Nachhinein, aber es war mir wichtig, meinen Fehler laut ausgesprochen zu haben. - Ich bin eben auch nur ein Mensch.

Die Nacht wird furchtbar. Ich muss an den Abschied denken, an die wenige Zeit, die mir in diesem kleinen Paradies noch bleibt. An die Tatsache, ich werde diese Menschen hier nie wiedersehen und zu Marcia und Almando nicht einmal Kontakt halten können. Ich muss an *Luna*, den Welpen, denken, die ich inzwischen so sehr ins Herz geschlossen habe, dass es mir die Brust zerreißt bei der Vorstellung  sie hier zurückzulassen. Ich liege also da und gehe all diese Szenarien durch, während eine Träne nach der andern an meinen Schläfen herunterrollt und ich mich zusammenreißen muss, um nicht zu schlucken oder durch meine vom Weinen verstopfte Nase zu atmen. Das letzte, was ich jetzt brauche, sind besorgte Zimmernachbarn, die versuchen, mich zu trösten. Das einzige, was ich will, ist Stille und die Schwärze der Nacht.

In meinen Träumen verarbeite ich diese Gedanken immer und immer wieder. Der letzte Traum endet damit, dass der

Ozelot mich mit einem Biss ins Genick umbringt. Mit feuchten Wangen und geschwollenen Augen startet man doch gleich viel besser in den Tag, oder?

Am Mittwoch hat der Sacha Yacu Spirit dann auch Annie erreicht, die bereitwillig an allen Arbeitsschritten teilnimmt, sogar den Abwasch erledigt und beim Kochen hilft. Die Dauerbeschallung durch ihr ständiges Gesumme ist zwar immer noch eine eher nerv tötende Begleiterscheinung ihrer Person, dennoch hat sie in drei Tagen eine sehr vorteilhafte 180 Grad-Wendung in Sachen Arbeitsmoral gemacht. Löblich!

Langsam wird das Zäune-Basteln am Nachmittag recht lästig. Zeit, das Gehege endlich zu beenden.

Ach so, hier vielleicht eine kleine Erklärung, wie wir den Zaun gezogen haben. Zur Erinnerung: Begonnen haben wir vor ungefähr zwei Wochen, als die Gruppe noch da war. Zuerst einmal mussten wir einen 40 cm tiefen Graben ausheben, der sich geschätzte 50 Meter um das Gehege herumziehen würde. Schon allein das war Knochenarbeit. Nicht nur das Graben an sich war bei 30 Grad schweißtreibend genug. Erschwerend kam hinzu, wie viele tausend Steine und Felsbrocken sich unter der schweren Erde verbargen. Man hatte genug damit zu tun, diese zu bergen, um voranzukommen. Natürlich wurde kein neuer Zaun verwendet. Nein! Warum auch? Man kann ja den Zaun nehmen, der vor fünf Jahren mal zu einem Gehege gehört hat, selbst zu dieser Zeit schon nicht mehr neu ist und daher aus hunderten verschiedener Zaunteile besteht, die willkürlich ineinander verwoben sind.

Erst mal mussten wir diese aus den Tiefen des Erdreichs befreien, die Stücke auseinandertrennen und am neuen Gehege neu zusammenpuzzeln. Sie mit Draht aneinander flechten und auf Löcher untersuchen, die Gräben nach dem Einsetzen wieder zuschütten, usw. Eine reichliche Menge Arbeit, die sich mit einer neuen Rolle Zaun sicherlich um eineinhalb Wochen hätte verkürzen lassen.

Wie dem auch sei, - mit dem letzten bisschen Draht versuchen wir, noch lockere Teile zu befestigen, während Jarno und Almando in Rekordzeit ein kleines Häuschen für das Wildschwein zimmern. Ich kann es kaum erwarten, *Guanganita* endlich in ihrem neuen Gehege zu sehen. Bis dahin muss jedoch noch ein kleiner Fluss durch das Gehege entstehen und neuer Draht für den letzten Schliff besorgt werden.

Dauert halt alles ein wenig länger hier.

Donnerstagnachmittag, 15 Uhr: Der große Augenblick ist gekommen. Die liebe *Guanganita* darf das erste Mal in ihr wunderschönes neues Gehege. Zuerst untersucht das kleine Wildschwein leise grunzend seine Umgebung, betrachtet sein mit Blättern ausgelegtes Haus, beschnuppert die neuen Pflanzen, den eigenen neuen Fluss und geht das geräumige Zuhause prüfend ab. Plötzlich fängt *Guanganita* an, wie aus heiterem Himmel, am Zaun auf- und ab zu rennen, Luftsprünge zu machen, soweit das ihre kleinen Schweinebeinchen zulassen, und mit den Zähnen zu klappern. Ohne albern werden zu wollen, es sieht aus, als würde sie lachen. Wir freuen uns mit ihr. Bestimmt eine halbe Stunde lang verfolgen Annika, Jarno und ich (Annie ist bereits zurück zum Center gegangen und teilt daher unsere Begeisterung nur bedingt.) jeden Schritt des aufgeregten Tieres.

Auf die Gefahr hin, 90 % meiner Leser halten mich für vollkommen bescheuert: Ja, ich habe Tränen in den Augen, so schön und bewegend finde ich das! Bevor wir gehen, kraule ich ausgiebig *Guanganita*s kleine Stinkewangen. Ich weiß, ich hatte lange nicht mehr so ein ausgefülltes Ende eines Arbeitstages.

Der Freitag ist einfach nur nass. Es hat bereits in der Nacht begonnen, wie aus Gießkannen zu regnen. Weder der Platzregen auf dem Blechdach, noch die Mückenstiche an unserem Allerwertesten (Tjaha, selbst die Mücken haben hier Geschmack!) machen diese Nacht zu einer besonders erholsamen Erfahrung.

Der Regen hält den ganzen Tag über an, was einen Vorteil hat: Nach der Fütterung dürfen wir - ohne schlechtes Gewissen - in der Hängematte liegen.

Wieder einmal kümmern Annika und ich uns um den Lunch, wozu unsere Prinzessin stets pünktlich erscheint. Zudem hat sie die meiner Meinung nach unmögliche Angewohnheit, bei jedem Essen einen letzten kleinen Bissen auf dem Teller zurückzulassen, der dann im Müll verschwindet. Als würde sich in diesem Bissen das Fünffache der Kalorien des vorangegangenen Essens verbergen. Vielleicht bin ich deswegen so dick, weil ich eben immer genau diese Tatsache außer Acht gelassen habe? Sollte ich wirklich mal ausprobieren!

Damit nicht genug. Als Annika und ich den kläglichen Rest des Instant-Kaffees auf unsere Tassen aufteilen und warten, bis das Wasser kocht, erscheint Annie mit einem Teelöffel, schöpft sich jeweils aus jeder Tasse einen Löffel voll raus und schüttet den in ihre eigene Tasse. Jo, warum auch nicht? Vielleicht, nur vielleicht, mag ich meinen Kaffee ja genau mit der Menge Kaffeepulver, die ich verwendet habe. Aber auf solche Spekulationen kann man sich schließlich nicht verlassen. Kein Problem! Von 1,5 Löffeln Kaffee gebe ich gerne einen ganzen ab. Ein halber Kaffeelöffel reicht ja auch. Kann ja mit Milch aufgießen. Schmeckt genauso. Oder ich nehme einfach Erde von draußen. Sieht genauso aus. Oder ich trinke gar keinen Kaffee. Wollte ja eh keinen und hab mir nur zum Spaß Kaffeepulver eingefüllt. Ich mag ja eigentlich gar keinen Kaffee. Aber Abwasch, ... Abwasch mag ich augenscheinlich besonders gerne, und Annie ist so freundlich, mir den auch wieder einmal zurückzulassen.

„Sind nur noch zwei Kochbananen da?“, fragt sie entsetzt. Ist ja nicht so, dass sie schließlich diejenige ist, die unsere Ration an den köstlichen Früchten halbiert hat. „Sieht so aus!“ gilt für sie als Einladung, sich die doppelt so große Banane zu schnappen, vor unseren Augen aufzuschneiden und zu braten und mit dem köstlich duftenden Ergebnis, ohne uns ein Häppchen anzubieten, in ihrem Zimmer zu verschwinden. Leider nicht, ohne Pfannenwender und Pfanne, bereit zum Abwasch, großzügig auf dem Herd zurückzulassen. Tief durchatmen!

Während Annie sich somit über die Woche alle Mühe gegeben hat, sich unbeliebt zu machen, ist Jarno ungewohnt angenehm. Natürlich gibt es die eine oder andere Kleinigkeit, aber im Großen und Ganzen ist er ein durchaus freundlicher Zeitgenosse. Vielleicht liegt es aber auch daran, weil ich nicht mehr mit ihm allein bin. Annika ist zumindest der Meinung, er würde mich mögen. Ich würde es zwar eher als `akzeptieren´ bezeichnen, aber gut! Auf die letzten Meter werde ich meine Antipathie ohnehin nicht vollkommen ablegen können.

Selbst als Marcia aus Puyo zurückkehrt, kommt Almando oft zum Essen hoch, weil ihm meine Gerichte so gut schmecken. (Bin ich ein kleiner Masterchef geworden?)

Mit Annika verstehe ich mich wunderbar. Ich habe keinen Zweifel mehr daran: Diese letzten Wochen werden mir meinen Abschied noch schwerer machen.

Inzwischen will ich gar nicht mehr weg!

***Home, sweet home: Das Volunteerhaus***

## Kapitel 13: Happy Halloween

Während gerade der Rest der Welt in schaurig-schönen Verkleidungen dem Trend aus den USA nachgeht, sitze ich hier im Dschungel und füttere Affen. Aber ich wäre nicht Hanna, wenn ich meinen Ehrentag nicht wenigstens ein klein wenig würdigen dürfte.

Ich habe Annika schon während der letzten Woche in meine Planung eingeweiht. Wir haben unsere Besorgungen am Wochenende erledigt und kehren vorbereitet zum Center zurück. Der Arbeitstag verläuft mehr oder minder ereignislos. Annika und ich kümmern uns mit Almando um die Affen und ernten dann wie üblich Bananen, die wir im Schweiße unseres Angesichts den Nightmarehill hinaufhieven. Die Sonne knallt unbarmherzig, und selbst der Wind hat sich unter diesen Umständen hitzefrei erteilt. Die Folge: Schon der bloße Anblick von Arbeit treibt Schweißperlen auf die Stirn. Hinzu kommt ein anderes Kribbeln auf meiner Haut. - Insekten ... Bwaaah, eins der wenigen Dinge, die ich mit Sicherheit nicht vermissen werde. Das permanente und penetrante Summen in ständiger Ohrnähe, die ewig juckenden Moskitostiche, die kleinen Fliegen in den Augen, die beißenden Ameisen und das unaufhörliche Krabbeln an den unmöglichsten Körperstellen machen den Alltag zu einer Zerreißprobe. Manchmal wünsche ich mir einfach Deo und ein Feuerzeug, um fünf Minuten Ruhe vor den Krabbeltieren zu haben. Da ich aber schon seit geraumer Zeit kein Deodorant mehr besitze und es auch für unnötig halte, wird dieser Wunsch wohl in naher Zukunft nicht in Erfüllung gehen.

Marcia lädt uns auf einen Ananas-Papaya Drink ein, - und wir dann sie und Almando zum Abendessen.

Unsere Nachmittagsbeschäftigung besteht darin, alle Müllsäcke und sonstigen Ansammlungen von Müll jeder Art, der sich im Center ansammelt, runter zur Straße zu bringen, wo er abends von einem Taxi mitgenommen werden soll.

Nach einer mehr als nötigen Dusche bereiten Annika und ich unsere kleine Feier vor. Zum Essen haben wir uns für eine nette Suppe entschieden, um den Hunger auf das Dessert nicht zu ruinieren. Dazu darf ein Gläschen Wein nicht fehlen. Nach diesem Hauptgang gibt es Karamel-Äpfel und Karamel-Popcorn, Kekse, Schokoladenbonbons, Chips, eine Art Flips und fünf verschiedene Stück Kuchen. Ich bin sicher, Marcia schwebt im siebten Himmel. Sie und Almando streiten sich spaßig um die besten Kuchenstücke, und am Ende des Abends bleiben nur noch ein paar Kekse übrig.

Auch wenn diese `Sit-ins´ nie von langer Dauer sind (was ich völlig okay finde, weil wir nicht einmal dieselbe Sprache sprechen), sind sie umso herzlicher. Wir lachen viel, und wir Mädels genießen es sehr, unseren `Gastgebern´ eine Freude zu machen.

Als Marcia sich auf den Weg nach Puyo macht, holt Jarno die Karten raus und überredet uns zu ein paar Spielen, bevor der Generator ausgeschaltet wird und wir schlafen gehen. Alle, die nun denken, das hätte ja wenig mit Halloween zu tun, haben mich noch nie ungeschminkt gesehen!!! Das ist gruselig genug. Dazu kommen dann noch Süßigkeiten, - was will man mehr?

Die Hitze lässt auch während der Nacht nicht wirklich nach, sodass Schlafen, begleitet von Hundegebell, Moskitoattacken und Schweiß, nicht gerade einfach ist.

Auch der Dienstag bringt keine Abkühlung, denn selbst ein kleiner Regenschauer ist warm, also wirkungslos. Nachmittags arbeiten wir am Gehege der Kinkajous, buddeln kleine

Bäume aus und pflanzen sie ins Gehege, binden Baumstämme aneinander, um Klettermöglichkeiten zu schaffen, und untersuchen den Zaun auf Löcher.

Noch immer muss ich zugeben, wie beeindruckend angenehm ich das Zusammenleben mit `Mr. Unfehlbar´ empfinde. Ich bilde mir zwar nicht ein, er hätte sich grundlegend geändert. Annikas Anwesenheit macht es jedoch einfacher, über seine Launen und Kommentare hinwegzusehen oder sie mit ein bisschen Humor zu nehmen. Manchmal ertappe ich mich dabei, wie ich mich sogar ein wenig schlecht fühle, ihn in meinen Berichten so in der Luft zerrissen zu haben. Doch ich denke, ich habe es mehr als ausreichend betont: Meine immer noch vorhandene Antipathie ist ein komplett persönliches Empfinden, aufgrund vieler verschiedener äußerlicher Einflüsse zustande gekommen. Man kann schließlich nicht jeden mögen!

(Irgendwie ist mir danach, zu Ehren unseres gefiederten Mitbewohners einen kleinen Absatz aus seiner Sicht zu verfassen. Hierbei muss ich erwähnen, dass der flugunfähige Tucan das Center ganz schön aufmischt. Man darf sein Verhalten ungefähr mit dem einer allzu launischen Katze vergleichen. Er sucht permanent Menschen, denen er mit seinem Geschrei auf die Nerven gehen kann, beißt liebend gern mit seinem riesigen Schnabel in alles, was ihm im Wege ist, und wehe dem, der sich zwischen ihn und sein Futter zu stellen wagt. Selbst die Hunde und Katzen des Centers haben Respekt vor ihm.)

**_Zazoo_, ein Ausschnitt aus dem Leben eines Helden**

Name: Zazoo
Art: Tucan
Mission: Sacha Yacu vor dem Bösen bewahren

Es ist kurz nach fünf Uhr morgens. Die Sonne schickt gerade ihre ersten Strahlen durch die Blätter des Dschungels und vertreibt die Schatten der Nacht, denen ich wieder einmal durch das Verbergen meines Schnabels in meinem Gefieder entgangen bin. Ich habe die Nacht auf der Veranda der Volunteers verbracht, um sie vor möglichen Gefahren zu bewahren. Vorsichtshalber habe ich ein paar ordentlich große Haufen vor ihren Türen und unter den Hängematten platziert. Sollte jemand versuchen, hier barfuß durchzuschleichen, dann würde er oder sie ihr blaues Wunder erleben, - oder in diesem Falle: oranges. Die Papaya vom Vortag ist noch gut zu erkennen. Ich bin stolz auf mein Werk.

In meiner Nähe liegt eine dieser hinterhältigen Katzen. Die Menschen wissen wahrscheinlich nicht, welchen Schaden die mit ihren Krallen anrichten können, und es ist an mir, auch dieses Unheil von ihnen abzuwenden. Also versuche ich, sie zu warnen, indem ich laut mit dem Schnabel klappere. Nichts rührt sich! Ich weiß nur eins: Ich muss handeln!

Ich hüpfe, so laut wie möglich schnatternd, um das böse Wesen zu vertreiben, auf dieses zu. Es schläft, also beiße ich es in den Schwanz. Erst nach dem dritten oder vierten Mal erwacht es und schleicht davon, - und wieder einmal weiß niemand, was ich geleistet habe. Manchmal ist es ein schweres Los, so wenig Anerkennung für seine Taten zu bekommen, doch ich weiß genau: Es gibt niemand anderen, der auf Sacha Yacu aufpasst.

Vor der Veranda stehen zwei Stiefel nebeneinander. Ich habe genug Platz, an ihnen vorbeizukommen, doch wer weiß, was sich auf der anderen Seite verbirgt. Vorsichtig stecke ich meinen Schnabel zwischen ihnen hindurch. Dank meiner beachtlichen Schnabelgröße (Ich will ja nicht prahlen, aber mein Schnabel ist wirklich ziemlich groß. Meine Ex sagt sogar, ich hätte den größten Schnabel, den sie je gesehen hat.) beschließen die Stiefel, die Sicht freizugeben und nach beiden Seiten umzufallen. Ich schrecke zurück, als ich sehe, wie ein Hund direkt auf mich zukommt. Reflexartig schnappe ich zu, aber das Ungetüm bahnt sich unbeeindruckt seinen Weg an mir vorbei, direkt auf das Zimmer der Volunteers zu. Das muss ich verhindern. Ein erbitterter Kampf beginnt. Ich schnattere, klappere, kreische, während ich versuche, die Oberhand zu gewinnen. Der Hund knurrt. Dann passiert es. Er schnappt zu, ich falle, hilflos schlage ich mit den nutzlosen Flügeln. - Die Fähigkeit zu fliegen wurde mir schon vor Jahren genommen. Ich weiß nicht, wie tief ich stürze, vielleicht zwanzig, dreißig Zentimeter. Es fühlt sich an wie eine Ewigkeit, bis ich endlich auf dem harten Boden aufschlage. Gott sei Dank unverletzt.

Endlich kommt jemand aus dem Zimmer. Ich sehe nur, wie ihr Blick nach unten wandert, dann nach rechts und links auf meine penibel platzierten Warnhaufen. „Oh, *Zazoo*...!", seufzt die Person - leider ganz und gar nicht anerkennend. Trotzdem, ich weiß, die Menschen sind hilflos und können nicht auf sich selbst aufpassen. Der Hund fällt sie an. Ich sehe noch, wie er ihr nachläuft und an ihre Beine springt ... Ich hüpfe hinterher, schreie, will sie warnen, doch sie hört nicht zu, … nie hört sie zu!

*Zazoo*, nicht der Held, den Sacha Yacu braucht, aber der Held, den es verdient.

Am Mittwoch beenden wir die Arbeit am Kinkajougehege, welches nun doppelt so groß ist und ausreichend Möglichkeiten zum Klettern bietet. *Matthias*, das Männchen, ist zwar von dem ganzen Prozess nicht gerade begeistert und sitzt gegen Ende nur noch leise fauchend in einer Ecke des Käfigs, doch ich bin sicher, er wird auf lange Sicht mit dem Ergebnis zufrieden sein.

Die darauffolgende Nacht ist ähnlich schlaflos wie die vorangegangenen Nächte, auch wenn es diesmal nicht an der Hitze liegt. Gegen 23 Uhr beginnt es, wie aus Eimern zu schütten.

Es blitzt, und die Donnerschläge sind so laut, als würde es direkt vor unserem Fenster einschlagen. Die Holzdielen vibrieren bei dem Grollen, und selbst der an- und abschwellende Regenguss hat eine bedrohliche Stärke angenommen. Nebenan höre ich die Katzenbabys maunzen, die Annika nach Leonies Auszug mit dem Zimmer zusammen übernommen hat. Wenn ich es gerade, trotz der Geräuschkulisse, geschafft habe, einzuschlafen, springt *Gandalf* durch das offene Fenster meiner Zimmernachbarin, um mich mit seinen Krallen erneut aus meinen Träumen zu reißen. Kurzum, die Nacht ist ziemlich beschissen.

Dementsprechend zerknittert fange ich den Donnerstag an, und es gelingt mir auch nicht, mich über den Tag hinweg komplett aus zu knittern. Als Erstes müssen wir zu dritt zuerst die Vogel-, danach auch die Affenrunde erledigen. Meine Vorschläge, einige Gehege aufzuteilen, werden mit einem „Are we in a hurry?“ von Jarno abgetan. Ich antworte nur, ich hätte keine Lust, klitschnass zu sein, woraufhin er meint, es stehe mir frei, zum Haus zurückzugehen.

Was soll ich dazu noch sagen? Ich habe nie behauptet, ich wolle nicht arbeiten. Ich will lediglich, gerade bei Regen, ein wenig produktiver sein und erkenne keinen Sinn darin, mit zwei Leuten vor einem Käfig herumzustehen, während der dritte den reinigt. Was, zum Teufel, soll falsch daran sein, schon mal vorzugehen und sich um den nächsten Käfig zu kümmern? Hat er Angst, etwas zu verpassen? Ich glaube langsam, er ist ein Kontrollfreak, der bei jedem Schritt dabei sein muss und Probleme damit hat, Verantwortung abzugeben. Schließlich habe ich jeden Käfig mehrmals ohne Zwischenfälle allein gereinigt und die Tiere gefüttert. Ich bin doch kein Trottel, - Himmel-Herrgott!!!

Anscheinend schon. Es ist elf, als wir wieder einmal völlig durchnässt am Center sind. Statt jetzt meine Hose dreckig trocknen zu lassen, entscheide ich mich, gleich meine Wäsche zu machen. „Why are you doing your laundry now?“, bekomme ich prompt zu hören. „Because all the shit is soaking wet anyway. There is not much need in letting the dirt dry with it, is there?“ - „You are the craziest person I know!“

Himmel, ich nehme das mal als Kompliment! Die Leute, mit denen er sonst rumhängt, müssen ein ziemlich langweiliges Leben führen, wenn Wäsche-bei-Regen-waschen mich zur verrücktesten Person auf seiner Bekanntenliste macht. Vogel!!!

Jarno stellt uns die Aufgabe, ein Spielzeug für die Affen zu bauen, und verschwindet für die nächsten drei Stunden irgendwo im Nirgendwo. Nach langen Überlegungen und dem Zusammensuchen unserer spärlichen Materialien, die sich auf ein altes Rohr, Plastikflaschen, einen Stoffbeutel, ein paar rostige und krumme Nägel, ein Seil, einen kaputten Besen und alte Stiefel beschränkten, fangen wir - zugegeben reichlich ratlos - mal an, unsere zahlreichen perfekten Ideen (zu denen uns überraschenderweise die Mittel fehlen) irgendwie in die Tat umzusetzen. Ich baue als Erstes aus ein paar Brettern und dem Stoffbeutel eine Zeltschaukel, Annika einen Futterspender aus einer Plastikflasche, ein paar Deckeln, einem Seil und einem Stock, bei dem die Affen experimentieren müssen, um an das Futter zu gelangen.

Irgendwann gegen zwei taucht der werte Herr wieder auf. Ich habe vergessen zu erwähnen, dass wir vor etwa zwei Wochen, als die Gruppe noch da war, zwei neue Coatis bekommen haben. Diese sind bisher im Quarantänekäfig untergebracht, da erst geschaut werden muss, ob die zwei Tiere Anzeichen von irgendwelchen Krankheiten aufweisen. Das Männchen gilt aus unerfindlichen Gründen als aggressiv und muss daher noch weiter in den tristen Betonmauern hausen. Stella, die kleine Coatidame, soll hingegen heute zu ihren Artgenossen in ein artgerechtes Gehege umgesiedelt werden. Alles verläuft problemlos, und es ist schön, mit anzusehen, wie Stella nach ein paar friedlichen Machtdemonstrationen der anderen schnell ein Teil der Familie wird. Anschließend möchte Jarno zum x-ten Male dieses blöde Schildkrötengehege auf Löcher absuchen, damit die zwei Gehege endlich zusammengeführt werden können. Mir ist immer noch unverständlich, warum gerade Schildkröten ein Gehege von etlichen Quadratmetern habensollen. (Ich bin schlecht im Schätzen, jedenfalls ist es groß.) Aber gut, abgesehen davon macht mich das Gehege wahnsinnig. Überall stechende Pflanzen, die Ausschlag hinterlassen, Ameisen, Spinnennetze mit handtellergroßen Spinnen. Nirgendwo ein Weg zu erkennen, und überhaupt ist darin alles vollkommen verwildert. Ich mache meinen Unmut mehrmals deutlich, auch wenn ich es nicht offen ausspreche, sodass Jarno auf meine Frage, ob ich schon mal die Kinkajous machen dürfe, tatsächlich mit „Ja!“ antwortet. Preiset den Herrn! Das darf ich noch erleben!!

Natürlich werden Jarnos bisherige Befürchtungen wahr:

Die Kinkajous verwandeln sich bei unserer Ankunft in feuerspeiende Drachen. Wir kommen gerade noch so mit dem Leben davon, auch wenn Annika beide Arme und eine Niere verloren hat - und ich mein Gehirn und einen Fuß, mein Handy und meine Würde ... Dummerweise ist kein Held in schimmernder Rüstung bei uns, der uns beschützen könnte, und so muss ich denn wohl bis ans Ende meiner Tage ohne Hirn auskommen ... Ist aber doch nicht weiter schlimm. Schafft Paris Hilton ja auch.

Natürlich ist nichts passiert, hätte aber sein können, ... man weiß ja nie!

Den Rest des Tages kapselt Jarno sich von uns ab. Er erscheint nicht einmal zum Essen in der Küche. Mir soll es gerade recht sein.

Auch dieser Freitag ist wieder gezeichnet von nicht enden wollendem Regen. So wie am Vortag machen wir zu dritt sowohl die Affen-, wie auch die Vogelrunde, trinken bei Marcia ein Gebräu, das nach Weihnachten schmeckt, und torkeln Papaya-beladen und pitschnass zurück zum Center.

Die nächsten Stunden vergraben Annika und ich unsere Nasen in Büchern, bis Tilda, - auch eine von Marcias Töchtern, uns nach Jarno fragt.

Dieser ist nirgends aufzufinden. Deswegen spricht sie die Einladung zum Dinner an mich aus und verschwindet.

„Nett!", denke ich. Dabei fällt mir auf, wie das tote Huhn, das sie für den Ozelot auf der Veranda zurückgelassen hat, verdächtig regelmäßig ein- und ausatmet. Nun, ich mag kein Doktor der Biologie sein, und auch meine medizinischen Kenntnisse gehen über die Eigenkrebsdiagnose bei einem völlig normal aussehenden Muttermal nicht hinaus. Aber ich bin der Meinung, Atmung, Herzschlag und die Reaktion auf äußere Reize (wie das Heben des Kopfes, wenn man an der Stirn berührt wird) deuten darauf hin, dieses Lebewesen müsse noch einige Lebensgeister in sich haben. Über die Qualität des übriggebliebenen Lebens möchte ich nicht urteilen. Dieses Huhn jedoch sieht zugegebenermaßen alles andere als glücklich aus. Annika bestätigt meine Vermutungen. Und weil ich Jarno nicht bitten kann, des Huhnes Leiden zu beenden, fasse ich einen tapferen Entschluss: Ich hole eine Machete aus dem Feed-Shed und setze das Huhn auf einen morschen Baumstamm. Wie ein zum Tode Verurteilter, der sich seinem Schicksal beugt, hebt es mit viel Mühe seinen Kopf, der auf dem gebrochenen Hals hin und her wackelt. Ohne nachzudenken hole ich aus und hacke dem Tier diesen Kopf ab. Obwohl ich weit ausgeholt habe, muss ich noch zweimal zuschlagen, bis es endlich aufhört zu zucken.

Danach fühle ich mich eher merkwürdig als schlecht. Ich weiß einfach, das eben war richtig und besser, als das Tier noch ewig lange leiden zu lassen. Trotzdem ist es etwas anderes, als Fliegen oder Moskitos zu zerquetschen.

Annika ist dankbar, weil ich diesen Part übernommen habe. Ich nehme an, sie leidet mehr unter der Aktion als ich. Diese war einfach unumgänglich. Ich würde mich weitaus schlechter fühlen, hätte ich das arme Tier noch länger leiden lassen. Der Dschungel härtet ab.

Später gehen wir zu Marcia und Almando zum Dinner. Es gibt über dem Feuer gegrilltes Hähnchen, Reis, Yuka und Kochbananen. Rosa und Tilda, Jeremy (Sohn von Andrea) und Anderson (dessen Cousin) sind auch da. Es wird ein sehr ruhiger Abend. Gegen halb acht machen wir uns, wieder einmal in strömendem Regen, auf den beschwerlichen Weg nach oben zum Center.

Es regnet noch diese ganze Nacht hindurch, und auch der Samstag scheint keine Wetterbesserung zu bringen. So langsam sind alle meine Arbeitsklamotten nass, und es gibt keine Möglichkeit, den Trocknungsprozess zu beschleunigen. Der Regenwald zeigt sich auf meine letzten Tage noch von seiner allerbesten Seite.

***Ameisensnack für Zwischendurch***

*Der Ozelot*

*Sonnenuntergang*

## Kapitel 14: Mein letztes Wochenende in Puyo

Es ist seltsam: Die Straßen, die mich vor zweieinhalb Monaten zur Weißglut brachten und mich die Welt verfluchen ließen, sind jetzt vertraut und vermitteln mir Sicherheit. Ich fühle mich wohl in Puyo. Irgendwie mag ich die kleine Stadt, die nicht besonders viel zu bieten hat.

Mein Fünf-Dollar-Hostel ist leider ausgebucht, und so beschließen wir, es uns dieses Wochenende mal richtig gutgehen zu lassen. 20 Dollar ärmer fläze ich mich genüsslich auf einem Bett mit eindeutig sauberen Laken, breite meine Sachen auf einem gewischten Boden aus, und mein persönliches Highlight: Ich habe eine heiße Dusche! Ihr könnt euch nicht vorstellen, wie für deutsche Verhältnisse alltägliche Dinge hier plötzlich eine wahre Euphorie auslösen. Eine echte heiße Dusche! Und nicht das, was mir das alte Hostel als warme Dusche verkaufen wollte, was sich stattdessen anfühlte, als würden sich fünf Zwerge mit Blasenschwäche im Duschkopf entleeren. Nein, diese Dusche hat wirklich Wasserdruck. - Ein Traum! Ein heißer, nasser Traum! Und ich habe nicht vor, den so bald zu beenden. Erst als ich schrumpelig und von Kopf bis Fuß sauber bin (ja, sauber!), wage ich den Schritt zurück ins Leben.

Um sechs treffe ich mich mit Annika. Da wir beide das Center am gleichen Tag verlassen werden und ich dann noch vier Tage Zeit in Ecuador habe, bis mein Flugzeug nach Peru startet, haben wir beschlossen, gemeinsam noch etwas zu reisen. Wir besprechen also den kleinen Kurztrip und schlürfen ein Weinchen.

Der Wein schmeckt vorzüglich, und so wollen wir unsere Pizza nicht im Restaurant, sondern im Hotelzimmer zu uns nehmen. Auch die Pizza schmeckt nach so langer Zeit traumhaft, und ich genieße jeden Bissen.

Nachdem unsere Weiterreise so weit geplant ist, gönnen wir uns in der Escobar noch zwei Cocktails und einen Schnaps, der uns letztendlich ins Nirwana katapultiert.

Am nächsten Morgen erwache ich mit Kopfschmerzen, die mir fast die Sinne rauben. Erst nach zwei Kopfschmerztabletten normalisiert sich mein Zustand.

Das Frühstück im Hotel besteht aus einem Käsebrötchen und Rührei. Zurück im Zimmer lese ich auf Facebook, dass einer der Zungo Zungos gestorben ist. Auch wenn sein Tod nicht überraschend kommt (Er war schon 23 Jahre alt, - für einen solchen Affen ein stattliches Alter!), trübt mir das doch die Laune erheblich. Da weiß ich noch nicht, was Sacha Yacu auf den letzten Drücker noch an viel Schlimmerem für mich bereithält. Wir machen Besorgungen für unser Abschiedsdinner am Freitag, fahren zum Busbahnhof, um die Zeiten für Quito zu checken. Nehmen uns ein Taxi zurück zur Bushaltestelle, von der die Busse in Richtung Sacha Yacu starten. Erfahren dort, es wird kein Bus mehr in den Urwald fahren (jedoch nicht, aus welchem Grund), nehmen wieder ein Taxi, werden vom Taxifahrer über den Tisch gezogen, - ein 35 Dollar Spaß, - und kommen, von dessen Dreistigkeit genervt, am Center an. Werden sofort von unseren Tieren begrüßt und vergessen darüber die Strapazen des Wochenendes.

Erst einmal beginnt am Montagmorgen alles relativ normal. Almando ist noch in Puyo. Deswegen machen wir sowohl die Affen, als auch die Vögel zu dritt. Das Wetter hat sich wieder normalisiert. So schwitzen wir bald alle Giftstoffe aus und bahnen uns unseren Weg in praller Urwaldsonne. Nach dem Lunch beginnt dann die harte Dschungelprobe, auf die ich so gerne verzichtet hätte. Almando kommt vorbei und bringt schlechte Neuigkeiten mit. *Bianca*, der Pitbullmischling, ist von einer Schlange gebissen worden. Ihre Überlebenschancen sind extrem gering. Ihr Kopf ist auf das Doppelte angeschwollen. - Ich habe sie in meinen Berichten wahrscheinlich nicht sonderlich erwähnt, aber ich mag sie wirklich, und diese Nachricht treibt mir die Tränen in die Augen. Als wir unten beim Haus ankommen und Jarno ihren Zustand genauer beschreibt, kann ich meine Betroffenheit nicht länger verstecken. Ungewollt kullern dicke Tränchen meine Wangen herunter. Wie immer bei weiblichen Gefühlsausbrüchen reagiert Jarno nervös und versucht, die Situation fast rührend zu entzerren, indem er mich anweist, im Haus ein Wasser zu trinken. Ich lehne ab und suche weiter nach Würmern in der Erde, die uns als Fischköder dienen. Worauf er aufspringt und mir ein Glas Wasser holt. Ich lehne erneut ab, - ich brauche kein Wasser, ich brauche meine Ruhe!

Die habe ich dann beim Fischen auch, abgesehen von den blöden Fliegen, die mir unaufhörlich um Augen und Ohren kreisen und mich fast wahnsinnig machen.

Am Abend beschließe ich spontan, mit zum Ozelot zu gehen, den ich sonst aufgrund des langen und steilen Wegs oft gemieden habe. Es ist meine letzte Woche, und es werden sich nicht mehr viele Chancen ergeben, das schöne Tier zu betrachten.

Endlich am Käfig angekommen, weist Jarno uns an, die Hunde vom Zaun fernzuhalten.

Ich bin die Erste, die sie entdeckt.

„Ist sie tot?“, höre ich mich auf Englisch fragen, bevor ich es selbst realisiere. Jarno fällt alles aus dem Gesicht. Seine Mimik entgleist vollkommen, als auch er sie entdeckt.

„Sie atmet nicht!“, stelle ich fest und blicke ungläubig auf den regungslosen Ozelotkörper am anderen Ende des Käfigs. „Wie kann sie tot sein?“, fragt Jarno, greift nach einem Stock und betritt den Käfig. Als sicher ist, das Tier wird sich nicht mehr rühren, tun wir es ihm gleich. Der Anblick ist scheußlich. Das schöne seidige Fell am Kopf und an den Beinen hat einen Grünstich angenommen. Eines der Augen ist herausgequollen, schwarze und gelbe Maden kriechen in der Höhle herum. Eine braune, schaumartige Substanz quillt aus dem Maul, und von allem geht ein fauliger Geruch aus. Es fällt uns schwer, uns von dem schrecklichen traurigen Anblick zu lösen. Eine Weile versuchen wir anhand der Futterreste im Käfig und dem Zustand des Körpers auf den Todeszeitpunkt zu schließen, um somit vielleicht die Todesursache herauszufinden, kommen jedoch zu keinem einleuchtenden Ergebnis. Kein Wunder ohne medizinische Ausbildung. Aber wir meinen, wenn jeder etwas von seinem Halbwissen beiträgt, wird vielleicht irgendetwas dabei herauskommen. Wir haben ja alle genug Serien gesehen, die uns weiterhelfen könnten ... Aber nein! Viele Vermutungen, doch kein Ergebnis. (Danke, Dr. House und Navi CIS! … Nichts habt ihr mir gebracht, - gar nichts!). Es ist ja auch eigentlich egal. Selbst Jarno hat wohl einen Kloß im Hals, und er tut mir direkt Leid. Sie war sein Lieblingstier, das weiß ich. Vielleicht gerade, weil sie so weit weg vom Center lebte und er oft alleine zu ihr ging. Er war der Einzige, der sich verpflichtet fühlte, sie regelmäßig zu sehen, und ich denke, es hat ihm nie etwas ausgemacht, den weiten Weg auf sich zu nehmen.

Den Rückweg verbringen wir schweigend. Jeder hängt irgendwie seinen Gedanken nach. Es war schon schwer genug, damals unseren Welpen *Tintin* auf Grund eines Bienenstiches zu verlieren. Aber jetzt, in nicht einmal zwei Tagen zuerst der Tod des Zungo Zungo, *Bianca*s Vorfall mit der Schlange und eben der überraschende Tod des Ozelot. Ein Scheiß-Tag!!! Auf gut Deutsch: Es trifft uns wirklich hart. Es sind vielleicht nur Tiere, und wir sind vielleicht nur eine kurze Zeit Teil ihres Lebens, genau wie sie nur kurze Zeit Teil unseres Lebens sind. Aber diese Zeit ist so intensiv, so voll mit Erfahrungen und so geprägt von Beziehungen, dass es einer ganzen Lebenszeit gleichkommt. Jeder, der Haustiere hat, kann das nachempfinden, und es spielt nicht immer eine Rolle, wie lange man manche Tiere hatte und wie sich die Beziehung ausdrückt. Der Verlust tut immer schrecklich weh, und man macht sich noch lange seine Gedanken und vielleicht sogar Vorwürfe ...

Ich hoffe so sehr, wenigstens die arme *Bianca* wird sich wieder erholen.

Am darauffolgenden Tag haben sich die Gemüter wieder einigermaßen beruhigt. *Bianca* geht es unverändert. Almando kümmert sich am Morgen um die sterblichen Überreste des Ozelots. Es fällt mir schwer, die verbleibende Zeit zu genießen. Bei allem, was ich tue, schwingt der bittere Geschmack des Abschieds mit. Ich zähle im Kopf, wie oft ich die anstehenden Tätigkeiten noch ausführen werde: Füttern der Tiere, in der Hängematte liegen, *Luna* kuscheln, *Guanganita* kraulen, ... all die schönen Dinge. Ich kann sie nicht genießen, weil ich weiß: Bald hat es für immer ein Ende. Jedes Mal, wenn ich gerade an nichts denken will, kommen diese Gedanken hoch und machen es mir nicht eben einfach. Ich will, dass endlich Freitag 24.00 Uhr ist. Der Abschied vorbei und ich im Bus nach Quito. Es ist so unheimlich schwer! Jeder Gedanke zerreißt mich innerlich. Ich weiß, ich habe die Erfahrung ausgereizt. Ich weiß, es ist Zeit zu gehen. Zeit für etwas Neues. Zeit zu reisen. Und ich freue mich auf alles, was ich vorhabe. Aber diesen Teil hier abzuhaken, dieses Leben zurückzulassen, diesen kleinen Tod zu sterben ... Das ist das Schmerzhafteste, was ich seit dem Abschied von Australien erlebt habe, wo ich vor drei Jahren für sechs Monate als Au Pair tätig und anschließend vier Monate gereist war. Ja, sogar schlimmer als der Abschied von zu Hause und am Flughafen. Weil es endgültig ist. Die Zeit rast nur so dahin. Annika hat zwischendurch eine allergische Reaktion auf einen Mückenstich, der ihre komplette Hand dick anschwellen lässt. Jarno begleitet sie in die nächste Ortschaft, um das abklären zu lassen. Der Arzt verschreibt ein Antibiotikum und Antihistamine. Wenn die Schwellung in zwei Tagen nicht besser und schwarz wird, müsste Annika ins Krankenhaus. Nicht sonderlich vielversprechend! So versorge ich die Tiere am Morgen wieder alleine mit Almando und ernte sowohl einen Biss vom Totenkopfäffchen, als auch eine nette Attacke von *Pascal*, der sich wie eine Furie in meinen Haaren und in meiner Kopfhaut festkrallt. Beides verschweige ich Jarno. Ich brauche keine Predigten mehr.

Später angle ich mit Almando die Fische für den Margay und leider nur noch einen Ozelot, bis Jarno und Annika zurückkommen.

Am Nachmittag machen wir einen wundervollen und moderaten Junglewalk mit Almando und Jarno und gehen danach Papaya ernten. Ich schwitze Blut und Wasser, als ich den vollen Sack den Nightmarehill hinaufschleppe, doch mein Stolz untersagt es mir, auch nur eine Papaya an Annika abzugeben. Die hat zwar nur halb so viele Papayas, aber mit ihrer Hand - `geHANDicapt´ (Wortwitz genau hier!) - ja genug zu tun.

Oben angekommen und die Papayas abgeladen, kann ich erst mal zwei Minuten nur ins Leere starren, bevor ich wieder ansprechbar bin. Gegorener Papayasaft läuft an meinen Haaren runter. Ich stinke wie der Boden eines Kirmeszelts morgens um 4 Uhr, - mit einer netten Mischung aus Coati- und Affenkacke.

Almando verbringt fast die ganze Woche mit uns. In seiner, aber auch in Marcias Gegenwart, bereue ich extrem meine Faulheit in Sachen Spanischlernen. Ich weiß, uns verbindet eine tiefe Sympathie, und ich wünschte, die mangelnde Kommunikation hätte dem nicht im Wege gestanden. Auf der anderen Seite: Gut! Ich kann ja auch so schon nur noch heulen, wenn ich an den Abschied von ihnen denke. Wie grausam wäre es dann erst, wenn ich sie richtig kennengelernt hätte. Herrgott, manchmal würde ich am liebsten all meine Emotionen abstellen. Wäre das taffe Mädel, das ich gerne vorgebe zu sein, anstatt eine emotionsgeladene Heulsuse, die eine Woche vor dem Abschied schon ihre Tränen kaum zurückhalten kann.

Ich kleines Weichei … ich!

Am Donnerstagnachmittag sammeln wir noch mal ein paar schöne Ecuador-Erfahrungen. Marcia hat Ton gesammelt, den wir mit ihr zusammen brauchbar machen. Dafür muss man die festen Klumpen stampfen und mit Wasser vermengen, bis sich alles zu einer formbaren, klümpchen-freien Masse verbunden hat. Das ist zwar nicht anstrengend, dafür aber sehr zeitaufwändig. Anschließend stellen wir mit Almando Kakao her. Dafür müssen wir die Bohnen zwei Stunden über dem Feuer rösten, bis sie schwarz sind, und dabei natürlich ständig rühren. Dann werden die Bohnen geschält und gemahlen. Insgesamt zweieinhalb Stunden Arbeit für zwei kleine Schälchen Kakao, die Marcia Annika und mir schenkt. Mal wieder eine Geste, die mich fast zu Tränen rührt.

Der Tag des Abschieds ist gekommen. Morgens versorgen wir noch mal die Tiere. Annika und ich gehen an alle Käfige, um noch ein letztes Mal alles mitzunehmen. Abgesehen vom Totenkopfäffchen und *Emma,* weil Jarno keine Bisse mehr riskieren möchte. Danach geht Annika auf einen letzten Junglewalk. Ich genieße meine Zeit alleine im Center. Ich knuddele *Luna* ausgiebig in der Hängematte, repariere den Trapcage der Coatis, spiele mit dem kleinen Nasenbären und lasse mich einfach noch mal ein wenig treiben, bevor Annika zurückkommt

Gegen drei laufen dann nacheinander Andrea, einer ihrer Freunde und Julio ein, und wir begeben uns in die Küche, um das Dinner vorzubereiten. Irgendwie läuft alles aus dem Ruder, denn ich nahm an, neben den Anwesenden würden nur Almando und Marcia kommen. Nach und nach trudeln auch noch Jeremy, Anderson, Rosa und Tilda ein. So sind es schließlich zwölf Leute anstelle der geplanten sieben, denn mit Andrea´s Freund haben wir auch nicht gerechnet. Da wir nicht genügend Nudeln finden, kochen wir noch Reis zur Tomatensoße. Dazu gibt es einen Salat und zum Nachtisch Unmengen an Junkfood, einen Pfannenkuchen (Wir haben ja keinen Ofen!), Karamelfrüchte und Popcorn. Abgesehen vom Popcorn wird alles ratzeputz vernichtet. Es werden viele Fotos gemacht, und die Stimmung ist, bis auf einen gewissen Punkt, sogar recht heiter. Plötzlich fängt Marcia an zu weinen, dann weinen Annika und ich. Später weint auf einmal sogar Anderson. Jeremy schreibt mir einen rührenden Liebesbrief mit fünf Worten.

Es ist alles etwas stressig.

Gegen halb zehn, eine halbe Stunde früher als erwartet, kommt unser Taxi. So können wir uns nicht von *Luna* und *Gandalf* verabschieden und vergießen endlich die letzten Tränen für diesen Abend. Kurz bevor ich ins Taxi steige, sieht Andrea mich an und sagt lächelnd: „If you ever come back, this is always going to be your house and your home!"

Was meine Berichte angeht, so fiel es mir offensichtlich immer schwerer, meine Tage ausführlich zu beschreiben. Das liegt keinesfalls daran, dass es weniger zu erzählen gäbe - oder ich nichts erlebt habe. Die Möglichkeit, sich mit Annika auszutauschen, nahm vielen Situationen die Gewichtigkeit. Und zudem, hoffe ich, habe ich euch auch so ausreichend an meinen Erfahrungen im Dschungel teilhaben lassen.

Fazit:

Ich habe in den drei Monaten mein Herz und meine Seele verloren und mich irgendwie doch selbst gefunden. Es fühlt sich an, als hätte ich die Erfahrungen eines ganzen Lebens in ein Vierteljahr gepackt, und jetzt bin ich kurz davor zu platzen und habe nicht einmal die Möglichkeit, das alles gebührend zu verdauen.

Sacha Yacu und der Dschungel sind trotz aller Schwierigkeiten zu einem Zuhause für mich geworden und haben mir die Augen für eine Welt geöffnet, die ich unter anderen Umständen nie erblickt hätte. Ich habe einen Alltag kennengelernt, der für europäische Verhältnisse undenkbar wäre. Ich habe die befriedigende Wirkung von harter körperlicher Arbeit erfahren. Habe „das Leben OHNE“ gelebt und meine damit: Ohne Strom, Internet und geteerte Straßen, ohne Kühlschrank und direkte medizinische Versorgung, ohne meine Freunde, ohne die Möglichkeit, jeden Tag einzukaufen, ohne geschlossene Räume, ohne warmes Wasser, ohne Waschmaschine. - Ohne jeglichen Komfort.

Ich habe „das Leben MIT“ gelernt: Mit Hammer und Nägeln eine Bank zu bauen, mit den Händen im Schlamm zu graben, mit der Natur und den Tieren zu leben, mit Werkzeugen umzugehen, die ich vorher nie gesehen habe, mit wenigen Mitteln zu kochen, mit nächtlicher Geräuschkulisse zu schlafen, mit Kleinigkeiten zufrieden zu sein.

Kurz: mit mir selber klarzukommen.

Ich kann immer noch nicht begreifen, in welch sorgloser Schönheit ich mich befunden habe, und wage zu behaupten: Das Glück, welches ich hier empfunden habe, ist mit keinem Gefühl zuvor vergleichbar. Ich will damit nicht sagen, es sei schöner gewesen als alles, was ich bisher empfunden habe. Es war anders, vollkommen anders! Eine Art Freiheit, ein Loslassen, ein Träumen ... Ich weiß nicht, ... es ist unbeschreiblich!

Der Dschungel ist so wunderschön, und ich kenne keinen Anblick, der mir so oft den Atem raubte wie der Blick auf die unendlichen Weiten der fast unberührten Natur, der sich mir auf dem Weg nach Puyo bot ... Es ist unbeschreiblich wundervoll ... Und bei allen Tücken, die der Dschungel trotz seiner Magie für mich bereithielt, war es doch der

Mensch, der dafür sorgte, dass ich diese Schönheit nicht immer gebührend genießen konnte. Weder die Moskitos, noch die Schlangen, die Hitze oder die Bisse der Tiere, keine nervigen Fliegen und keine gefährliche Spinne fanden in meinen Berichten so viel Erwähnung wie der Störfaktor Mensch. Genau diese Menschen hätte ich vielleicht unter anderen Umständen sogar außerordentlich nett gefunden.

Es ist doch komisch. Da findet man sich in einer vollkommen fremden Umgebung mit unbekannten Gefahren, ungewohntem Klima, unerträglichen Insekten, ungewohnter Arbeit, unbekannter Sprache und unzureichender Hygiene. Und was stört einen? Der Mitarbeiter!

Doch auch dieser hat es nicht geschafft, mir die Freude an diesem kleinen Teil meines Lebens zu nehmen. Ich habe viel gelernt, über alles, aber besonders über mich selbst, und mir wurde wieder einmal bewiesen, dass ein holpriger Start nicht zwangsweise eine felsige Abfahrt nach sich zieht.

Ich bin unendlich dankbar, diese Erfahrung, genauso wie sie war, gemacht zu haben, und ich möchte sie für nichts in der Welt missen!

Ab jetzt wird ein neuer Teil meiner Reise beginnen. Ich hoffe sehr, ich finde sowohl die Zeit, als auch die Muße, euch auf diesem Wege ein kleines Stück auf meinen Abenteuern mitzunehmen.

Danke an alle, die ihr meine kleinen Berichte gelesen habt …

Sacha Yacu – Ende

## Nachwort

Johanna von Grumbkow, Jahrgang 1988, stammt aus dem 200-Einwohner-Dorf Wellingerode im nordhessischen Werra-Meißner-Kreis. Mit ihrem Bruder Philipp wuchs sie dort als modernes „Kind vom Lande" auf.

Sie arbeitet als Erzieherin im Kindergarten Kreuzkirche in Eschwege.

Über den Dächern dieser Kleinstadt wohnt sie mit ihrem Partner Hauke und der dreibeinigen Katze Asha.

Johanna war für ein Jahr als Au-Pair-Mädchen in Columbus-Ohio und weitere sechs Monate in Australien auf einer Farm in der Nähe von Melbourne. Sie ist bereits viel in der Welt herumgekommen, bereiste Länder wie Neuseeland, Indonesien, Peru, Kuba, Guatemala, Panama und noch viele weitere. Dies ist ihr erstes Buch.